天下文化
BELIEVE IN READING

這一生，你想留下什麼？

史丹佛的10堂領導課

Leading Matters

Lessons from My Journey

by John L. Hennessy

史丹佛大學前校長・矽谷教父
約翰・漢尼斯——著
廖月娟——譯

獻給安德莉雅——

已陪伴我四十八年的人生伴侶。

目錄 Contents

推薦序　領導沒有公式　007
前　言　二十一世紀領導本質的轉變　015
第一章　謙卑：高績效領導的基礎　029
第二章　真誠與信賴：高績效領導的關鍵　051
第三章　領導就是服務：了解誰為誰工作　077
第四章　同理心：塑造領導人和機構的要素　105
第五章　勇氣：為了機構和社群挺身而出　129
第六章　協力與團隊合作：你無法單打獨鬥　159

第七章　創新：產業與學術界成功之鑰　189
第八章　求知欲：終身學習的重要性　215
第九章　說故事：溝通願景　231
第十章　遺澤：這一生，你想留下什麼？　253
結語　打造未來，讓世界變得更好　275
後記　以書為師：漢尼斯的圖書館　283
謝辭　314
注釋　317

推薦序

領導沒有公式

前CNN董事長，《賈伯斯傳》作者
華特・艾薩克森（Walter Isaacson）

當你讀完本書，最大的遺憾將是相見恨晚。所有曾經努力成為優秀領導者的人，如果能早點讀到這本優秀的指南，就像獲得一盞指路明燈，不致於在黑暗中痛苦摸索。

約翰・漢尼斯不但才智過人，而且有大智慧，是當代最有創造力的領導人。他任職史丹佛大學校長時，是位卓越的管理者、執行者，也是有遠見的人。此外，他還指導、塑造了數十位偉大的領導人，因此對於領導力有深刻的見解。

領導沒有公式，也不是具備某種特質，就能成為偉大的領導人。以美國開國元勳為例，湯瑪斯．傑佛遜（Thomas Jefferson）和詹姆斯．麥迪遜（James Madison）極具真知灼見，約翰．亞當斯（John Adams）及其堂兄山繆爾．亞當斯（Samuel Adams）熱情直率，華盛頓（George Washington）最顯著的特質，則是正直、端肅和威嚴。還有一些領導人像富蘭克林（Benjamin Franklin），不但有聖人的風範，而且幽默風趣，能使頑強的死對頭都心悅誠服，願意妥協、合作。

漢尼斯透過自己的經驗和觀察他人，從各種領導風格汲取智慧，最後凝鍊出十項核心理念，寫成本書。他以深刻的故事和令人難忘的軼事闡述，使這些理念從抽象變得活現。

他從「謙卑」開始剖析，起頭可圈可點，因為這是他最顯著，也最令人驚異的特質。不管是漢尼斯本人或是他的書，都散發出源於自信的能量，同時他也是個心胸開闊的人，而這正是來自真正的謙卑，願意用心聆聽各方意見。

我們常常認為，偉大領導人必然秉持堅定的信念，不理會他人的批評或質疑，也認為領導人要有健康的自我。其實，領導人身上最糟的組合，就是自我意識強烈，再加上缺乏自信。這太常見了，特別是在政治領域。然而，漢尼斯其人其書，展現出的偉大領導人特質，與前述恰恰相反：以謙卑消融自我，但仍保有強大的自信。

我曾為愛因斯坦（Albert Einstein）和賈伯斯（Steve Jobs）立傳。他們雖不曾因謙卑為人稱道，但事實上，內心深處卻不乏謙遜。愛因斯坦對自然造化之美，永遠保持謙卑敬畏之心。曾有一位紐約的六年級女學生寫信給他，詢問他對宗教的看法，他回信道：「宇宙法則彰顯出一種偉大的精神，遠遠超乎人類之上，我們必須謙卑以對。」賈伯斯則是注重性靈的人，儘管信佛禪修無法使他免於莽撞無禮，有時甚至盛氣凌人，但他仍會專心聽別人的意見，苦思冥想。

富蘭克林曾說，謙卑太難了，他永遠做不到，但他會假裝，因為他知道謙卑是有用的，特別是跟人打交道的時候。這似乎和漢尼斯提出的第二項領導原則「真誠與信賴」相互矛盾，但富蘭克林就像莎士比亞筆下的霍爾王子（Prince Hal），面具戴久了，自然就會變成自己的臉。換言之，即使我們很難掌握某種美德，假裝自己有這樣的美德也有幫助，久而久之，我們就能把它內化。我個人覺得，漢尼斯提出的另一項領導技巧「勇氣」，也是如此。我以前擔任某媒體高階主管時，經常害怕冒險，但我發現，在關鍵時刻擺出無所畏懼的樣子，勇氣就會油然而生。

漢尼斯講述的其他領導原則，很多都是以謙卑為基礎，如「同理心」和「領導即服務」。謙卑還和書中另一個核心概念息息相關，也就是「協作」。正如富蘭克林在自傳裡所說，表現謙卑、學習謙卑，讓他打開耳朵，聽見別人的意見，也有助於使眾人找到共識，同心協力。數位時代的四大創新發明——電晶體、電腦、微晶片和分封交換網路，都是協作團隊發展出來的，而非一人之功。我曾問賈伯斯，他開發的產品中，哪一項最偉大？他不是說麥金塔或是iPhone，而是蘋果團隊。

漢尼斯也提出好奇心的重要。我最新出版的傳記是以達文西（Leonardo da Vinci）為題，好奇心就是這位傳主最重要的特質。達文西對知識永不滿足，他有一股強大的動力，什麼都想學、什麼都想知道。他對知識的追求充滿熱情，近乎痴迷，他研究解剖學、化石、藝術、建築、音樂、禽鳥、心臟、飛行器、光學、植物學、地質學、水流甚至兵器。他熱衷考究「變化無窮的大自然」，從中看出令人驚異的模式。達文西結合藝術與科學的能力出類拔萃，在畫作〈維特魯威人〉（Vitruvian Man）中嶄露無遺。畫中一位完美比例的男性四肢伸展，在正方框與圓形中呈現兩種不同體態。達文西因此成為史上最有創造力的天才。在我們這個時代，真正有創造力的領導人一樣事事好奇，如賈伯斯、比爾・蓋茲（Bill Gates）、貝佐斯（Jeff Bezos），漢尼斯也不例外。

書中列舉的領導技巧，「說故事」這點教我有點意想不到。細而思之，則頗覺深妙。當年我要離開家鄉，到紐約展開記者生涯時，恩師小說家沃克・波西（Walker Percy）告訴我：「出身路易斯安那的人可分為兩種：布道者和說故事的人。你要當後者，因為這個世界已經有太多布道者。」漢尼斯這本書講述很多道理，但讀來妙趣橫生，正因為他很會講故事。他了解領導也和敘事有關，會說故事，就知道如何溝通才能打動人心。

本文作者為美國路易斯安那州杜蘭大學（Tulane University）歷史系教授，曾任亞斯本研究院（Aspen Institute）執行長、《時代雜誌》（*Time*）總編輯及CNN董事長，著有《創新者們：掀起數位革命的天才、怪傑和駭客》（*The Innovators*）以及富蘭克林、愛因斯坦、賈伯斯與達文西等人的傳記。

前　言

二十一世紀領導本質的轉變

把你的好名聲當成是你最貴重的珠寶，
因為聲譽就像一把火，只要點燃，就能一直燃燒，
一旦熄滅，卻很難重燃。
要獲得美名，最好的方法就是，努力變成你渴望成為的樣子。

——據說出自蘇格拉底（Socrates），實際出處不明

很少人能夠完全依照計畫演繹人生。如果幸運，倒也是件好事，我自己就可印證這點。

從某個角度來看，我已實現夢想。我和高中女友安德莉雅結為連理，至今依然恩愛，還有兩個好兒子。我一生潛心於計算機學領域的研究，這股熱情始於高中時代。而且，我在一所世界名校擔任教授，已經長達四十個年頭。當我還是個大學新鮮人，我的志向就是當教授。

二十五歲那年，史丹佛大學電機系邀請我擔任助理教授時，我的夢想已然成真。當時，我立即就答應了，雖然其他學校提供的待遇更優厚。跟安德莉雅結婚以及到史丹佛任教，是我此生最好的決定（而老婆又比工作重要）。

如果那時你問我，有什麼樣的人生計畫？我會告訴你，我希望在一所學校教一輩子，幾十年後退休時，最好能得過幾個教學優良的獎項和研究殊榮，發表幾篇重要論文，或許再拿到一、兩項專利，取得榮譽教授的頭銜。

這的確是個美夢，但我懷疑自己能否走得無怨無悔。事實上，四十年後，得天下英才而教之，仍是我人生一大樂事，我也愛跟學生、同事一起腦力激盪。但世事難料，我誤打誤撞創立了一家公司，於是生涯出現大轉彎，最後走上領導之路，而且一走就是二十五年。

本書就是我這一路走來得到的領悟和教訓，包括我早年的教學經驗，以及後來創業的歷程，但大部分來自過去二十年，在領導之路上的修練。我講述的這些故事，說明了哪些方法對我很有用，不過它們有時也會失靈。其中某些心得，可以直接用於企業界，或是學術界與非營利組織，不管對什麼樣的機構，應該都有參考價值。就領導而言，我是從基層做起，最後立於整個大學機構頂端，因此，我在領導和管理上的經驗，可供各階級的領導者做為借鏡。的確，當你在大型組織中爬得愈高，危機來得愈快、也愈大，但是難題及最佳因應方法，卻大致相似。

正如艾薩克森在序言中提及：「領導沒有公式。」除了清楚易懂的經典原則外，我也不相信有什麼金科玉律。因此，我將提出領導的十項要素，並配合一連串的故事，說明它們如何在關鍵時刻發揮作用。希望這些想法，能幫助每一個有心的領導人。

切入主題前，請容我介紹一下自己的背景。一九七七年，我加入史丹佛大學時，矽谷與資訊時代才剛起步，蘋果也只創立滿一週年，英特爾（Intel）仍是一家小公司，主要製造記憶體晶片。個人電腦、網際網路、全球資訊網和行動電話都還沒誕生。我一邊教書，一邊做研究，焦點都放在超大型積體電路，以及逐漸嶄露頭角的微處理器。當時我也參與了兩家新創公司的團隊，特別是吉姆・克拉克（Jim Clark）的視算科技（Silicon Graphics），不過主要還是以教職為重。

正如第二章〈真誠與信賴〉所述，改變我職涯軌跡的關鍵，就是我利用一九八一年到一九八四年在史丹佛的研究結果，與人共同創立了美普思科技（MIPS Computer System，後改名 MIPS Technologies）。我向史丹佛申請休假，專心經營公司，即使後來回到學校，還是為它奉獻出不少時間，以及好幾個暑期。儘管我好幾次想辭去教職，留在公司，但始終放不下學生和研究，最後決定以史丹佛為家。

從創立美普思到首次公開募股成功，這五年的歷練讓我脫胎換骨。經歷多次危機的考驗，我更加懂得因應類似的挑戰。此外，我看著一個堅定不移的小團隊，透過創新事物改變世界。因此，我開始有了野心，想看所屬的系所、工學院和學校，為世界帶來更大、更多的正面影響。我大可回去當教授，在我看來，對個人來說，這是最崇高、也最有收穫的工作；然而，我卻踏上了一段長達二十多年的領導之旅。

起先，我的領導職責並不繁重，擔任的是計算機系統實驗室的主任。這是個跨學科實驗室，由十五位計算機科學和電機工程的教職員組成。我負責招募優秀的新同事，提供指導和支持。一九九四年，我受邀擔任計算機科學系主任，但仍有餘裕教課，帶領研究團隊做些有趣的事。

兩年後，我被任命為工學院院長，責任更大了，帶領的教職員從三十五人增為兩百多人。不過，同事都是工程師，我們使用相同的語彙，衡量成功的標準也都差不多。我熱愛這份工作，而且我的太太至今依然堅持，我從事過的眾多職務中，這份工作最好。為什麼？這是因為我可以認識學校所有教職員，了解他們的研究為何。每次學校聘任新的教授，我都會親自迎接，歡迎他們加入本校。同時，我每一學年都能開一門課，指導幾個博士班學生。

然而三年後，一切都改變了。一九九九年，校長格哈特・卡斯帕（Gerhard Casper）請我接替康朵麗莎・萊斯（Condoleezza Rice）的職務，出任教務長。這個職位等同大學的執行長，我一則以喜，一則以憂，畢竟這是很大的晉升。

沒想到，我才走馬上任幾個月後，學年一開始，卡斯帕校長就宣布，他要在該學年末卸任。我擔任教務長期間，與卡斯帕校長密切合作，專心因應重大挑戰，也因此認識了工學院以外的同事。說實話，我還在摸索、適應這個充滿挑戰的新職務。然而，從十月到翌年三月，董事會在多方諮詢，並與校長遴選委員會開了多次會議後，邀請我出任史丹佛大學第十任校長，任期始於二〇〇〇年秋天。

儘管資格審查過關，我還是有點意外，而且惶惶不安。畢竟我才四十七歲，擔任大型機構高階主管的經驗不多，駕馭龐大行政組織的知識也很有限。我擔心會讓大家失望，但又很心動，這項挑戰有機會使一個機構更上一層樓，而且它有恩於我。我想，如果我謙卑看待自己的技能，秉持科學家實事求是的精神，加上有出色的團隊為後援，也許有希望成功。

雖然我有矽谷的工作經驗，在史丹佛也有很多同事好友，但除了卡斯帕校長，以及學校董事會幾位成員，周遭沒有太多長輩可以請益。因此，我做了優秀研究人員都會做的事：開始閱讀以領導為題的書藉，特別是偉大領導人的傳記，藉此了解他們如何成長、與人合作，以及克服逆境（詳見後記列舉書目）。我也下定決心常保好奇心，把興趣從科學與技術擴展到其他領域，例如人文學科、社會科學、醫學與藝術。

我是成功的大學校長嗎？我是否已經成為偉大的領導人？我們的團隊是否讓這所優秀的大學更上一層樓？這不是我一個人說了算的。我和教務長約翰·艾奇曼迪（John Etchemendy）都認為，要衡量我們是否成功，最重要的指標是人才的素質，亦即組成這所大學的全體師生。要衡量人的素質很困難，不像計算興建多少設施，或是募集多少資金那樣容易。不過，二〇一六年八月，我卸下校長職務時，根據大多數的師生品質衡量標準，例如最佳大學排行、學生表現和註冊率，史丹佛都堪稱全球頂尖大學。此外，我們也在跨學科研究和教學領域，建立了領導地位，這是我和教務長在上任之初設定的目標（詳見第七章）。我們成功的關鍵在於，兩人合作任期長達十六年，約是一般大學校長任期的兩倍。

不管如何，故事應該到此為止。有什麼事能比管理史丹佛大學更具挑戰性和影響力？我現在是Google、思科（Cisco）及幾個重要基金會的董事。當然，除了這些工作，我或許能再教上幾門課，為這有點意外的職涯，寫下不錯的結尾。

然而，這時發生了一件相當不可思議的事：我認為有必要為這個世界，培育新一代的領導人，這個想法得到菲爾・奈特（Phil Knight）的支持，很快就實現了。他是美國頂尖企業領袖、NIKE的創辦人，我們共同推出奈特－漢尼斯學者獎學金計畫（Knight-Hennessy Scholars Program），提供來自全世界一百名學生全額獎學金，到史丹佛就讀研究所，致力研究全球貧困、氣候變化等重要課題。這是自羅德獎學金（Rhodes Scholars）創立後，一百多年來最有野心的領導人才培育計畫。

奈特—漢尼斯學者獎學金計畫帶我回歸初心，再次作育英才、開創事業。我必須從頭開始推動計畫，思考如何教導一群優秀的學子，引導他們成為未來的全球領導人。

不用多說，我再次展現優秀科學家的典範，自我教育、研究領導這項課題。我重訪書架上的老朋友，向成功的領導者求教。他們已經在過去二十年內，成了我的好友與熟人。此外，我也得以利用這個機會，初次回顧自己的領導生涯。

我發覺我對領導的了解，和很多流行的觀點大有不同，有些甚至跟一般人對領導的直覺背道而馳。於是，我開始探討高績效領導的幾個關鍵層面：堅實的原則基礎、對原則堅持不懈，以及一套方法，可以改造組織、讓它更進一步。本書前四章都聚焦在基礎上：謙卑、真誠、服務精神與同理心，有些與僕人式的領導有關，[1]但在我看來，這些原則對改變組織的領導力至關重要。

第五章〈勇氣〉將這些原則，結合組織變革的方法，既是偉大領導人的特質，也是面臨挑戰之時，必須採取的行動。[2]勇氣能使領導人在困境中堅持正道，必要時大刀闊斧改變路線。勇氣倚仗的是領導的基本原則，以及組織的核心使命。

後五章描述的是我用來創造轉型變革的方法，使我帶領的機構爬上新高度。這些章節涵蓋我們對大學未來的願景，以及如何讓史丹佛社群的所有成員齊心為此努力。各章焦點如下：協作、創新、求知欲、說故事，以及創造永恆的變革。

史丹佛大學已有百年以上歷史，要使這所老學校轉型，需要有讓人信服的願景、使命必達的團隊，以及確保轉型能長存的計畫。我們為史丹佛規劃了宏大的願景，雖然前四章講述的基本領導原則，對計畫的發展與執行至關重要，我還是必須依循後五章闡述的領導方法執行，才得以實現目標。

在史丹佛大學之外，我和奈特很擔心在政府、企業和非營利組織中，日益嚴重的領導危機。從國家失靈到內戰、饑荒、獨裁者在開發中貧窮國家斂財、仇外和種族主義等問題，顯而易見。在企業界，我們也可看到領導人拉著公司誤入歧途，例如久遠的安隆（Enron）弊案，和世界通訊公司（WorldCom）的會計醜聞，新近的也有富國銀行（Wells Fargo）做假帳，和福斯汽車（Volkswagen）的排污造假事件，這類案例可說不計其數。非營利組織也不能免除危機，大專院校體育校隊醜聞頻傳，與學校的崇高教育使命，形成鮮明對比。

不管是在政府、商業界或是非營利組織，這些問題大抵源於領導基礎薄弱：領導人重視個人利益，勝過組織福利、員工和顧客權益。

很多領導人無法帶領組織執行必要的轉型，原因在於他們不會評估狀況，或者更有可能是根本不知道方法。現今，世界變化的腳步愈來愈快。無論組織的基礎多穩固、歷史多悠久，如果要在二十一世紀存活、甚至屹立不搖，都必須不斷求新求變。

萬一領導之路走偏了，要如何修正？我寫這本書的原因之一，是為了分享我的發現給各位讀者，以及奈特－漢尼斯學者獎學金計畫培育的領導新血，並希望在我百年之後，此書能供後人參考。但其實真正的初衷是為了自己，我想整理自己領導方面的學習心得，畢竟有些是苦學而得。同時，我也想利用這個機會，從不同且相較超脫的角度，審視職涯中的重要事件。但更重要的是，我希望藉由本書的出版，促使更多人探討二十一世紀領導本質的轉變。從某些方面來看，這將有助於世人了解奈特－漢尼斯學者獎學金計畫。

親愛的讀者，我很榮幸為你獻上這本書。雖然身為作者的我，最先懷抱的是不同的夢想，但一路走來充滿挑戰，也同樣獲益良多。儘管人生之旅不免會有意外，但願你也能和我一樣，擁有歡喜、圓滿的人生。

第 1 章

謙卑：高績效領導的基礎

太相信自己的智慧是不智的。

我們必須提醒自己：強者也會變得脆弱，智者也會犯錯。

——聖雄甘地（Mahatma Gandhi）

大多數的人只看表面，就認為自信是領導力的核心。畢竟，如果你對自己的策略和角色沒有信心，幾乎不可能領導別人。沒有人想跟隨對自己的計畫或能力沒有把握的人。話說回來，自信的核心是什麼？

我認為，真正的自信來自了解自己的技能和個性，也就是源於謙卑，而非自我。因此，自信不是假面具，也不是虛張聲勢，最糟的莫過於把自信用錯地方。傲慢讓我們只看到自己的優勢，看不到缺點，忽視他人的長處，因而容易鑄成大錯。唯有謙卑，我們才看得到自己的弱點，知道如何補強。因此謙卑能賦予我們信心。

謙卑來自哪裡？就我的經驗，有兩種觀點可讓人生出謙卑之心。首先，我們必須了解，成功大抵來自運氣。我特別用了「運氣」這個詞，是因為類似這個詞的「命運」，彷彿隱含著讓人投以關注的超自然力量。說實在的，今天能在美國出生都是幸運的人。試想，如果你生在海地、剛果、孟加拉或阿富汗，人生很可能完全不同。

我成長於中產階級家庭，父母都受過大學教育。他們在我上學之前，就教我識字、讀書，也給我良好的教育機會，讓我得以在社會上做一個有用的人。然而，現今有少數美國人，距離血脈根源非常遙遠。我的祖先大都是在十九世紀上半，愛爾蘭大饑荒時移民美國的。我的高祖父在美國落腳後，先是當粗工，後來成了運貨工人，用手推車或小型馬車在布魯克林區送貨。其實，我的高祖父母那一輩都必須為了生計幹粗活，像是砌磚、鞣皮、做木工或務農。雖然我的愛爾蘭祖先來自英語系國家，有些卻目不識丁，也不會寫字，甚至只能在遺囑上畫「X」代替簽名。

兩代之後，我的外公上了大學，甚至成為一家銀行的副總裁。遙想移民美國的第一、二代祖先，他們皆生活艱苦，常常一年到頭處於失業狀態，幾乎至少有一個孩子早夭，有時甚至是兩個或者更多。由於他們努力奉獻，為了子子孫孫能過更好的生活，我才能有今天。我能生在這個家庭、這個地方、這個時代，純粹是運氣。想到這一切讓我感到謙卑。

身為學術界的一員，也讓我常保謙卑。在史丹佛，不管任何一個領域，同一棟大樓裡常常都會遇到比你強的人。事實上，就任何一個學科而言，甚至學生懂的都可能比你多。此外，下列觀點同樣能使人謙卑：不管你在哪裡，都可能不是最聰明的人。你的領導成功與否，取決於整個團隊的表現。你需要團隊成員的專業知識和協助，才能取得成功，因此你最好先承認自己不是什麼都懂，並且了解成員所長，虛心請他們支持。

從求助學習謙卑

如果你身居要職，募款便是學習謙卑最好的辦法。當你必須管理幾千名教職員、幾萬名學生，掌握的預算和捐款多達數十億美元，將很容易受到權力的引誘。低聲下氣向人募款就是解方。

我估算了一下，擔任校長期間，如果連募款的準備工作也包括在內，我的任職時間有三分之一到一半，都在為學校募款。對我的家庭來說，這是個很大的轉變。我與安德莉雅結婚的前二十五年，教完書下課後，多半在傍晚六點左右回到家。因為教書的關係，也不必常常出差。然而，當上校長後，晚上活動突然變多，每年約有十幾個週末，必須飛往各地和校友見面，中午也經常排滿會議或活動，大都是為了募款。

幸好，有很多人幫我。通常，校友志工和發展中心的人員，承擔了大部分繁重的工作，每年都募集到好幾千筆的小額捐款。他們對這樣的工作非常在行。我發覺本校發展中心有如媒人，讓捐贈者與大學的重要需求配對，而校友會則聯繫了校友與學校的長遠關係。

我身為校長，了解自己只是工具，而非引擎。不管在某區校友會上演講、私下與可能捐贈巨款的大戶見面，或接受校友雜誌採訪，我的貢獻只在於收尾，所有準備工作都是別人完成的。這也是謙卑的來源：我常常提醒自己，捐款不是我拉來的。在此之前，許多人下足工夫，才得到捐款人首肯，我只是坐看水到渠成。然而，我只要犯了一個錯，或是留下不恰當的印象，數個月的辛勤奔走就可能前功盡棄。此外，我知道那些校友和捐款大戶要見的，不是我這個人，而是史丹佛大學校長，這個頭銜總有一天也會被其他人取代。

也就是說，我了解身為大學最高代表的重要性。捐款大戶想與校長握手，並非因為校長是我，他們是想藉此了解，自己選定支持的計畫，是否受到重視、獲得應有的資源。他們既已願意出錢，自然希望我以名譽做為擔保。儘管這要求令人為難，但他們完全有權利這樣做。

所有巨額捐款，幾乎總是一對一談成的，沒有其他工作人員在場，只有我和那極成功、有權勢、名滿天下的名人獨處。他們知道自己要什麼，願意許下重大的承諾，也會毫不猶豫直視我的眼睛，問我是否願意做出同樣的承諾。如果這樣無法使人謙卑，還有什麼事情能夠辦到呢？

商業鉅子的謙卑之心

吉姆．克拉克是高科技史上的傳奇人物，但他早年生活困苦，家境貧寒，還有個糟糕的繼父。他高中輟學，在無路可走之下加入海軍。不過，他顯然是位優秀的工程師，也是天才創業家，創立視算科技之初即顯露才華，這間公司是那個時代發展最快的公司之一。當時，我和他在史丹佛共用一間辦公室，兩人一起做的研究中，一小部分成了視算科技的基礎環節。我創立美普思之前，也曾在視算科技當了兩年的顧問。

後來，克拉克受挫，必須把大部分所有權讓給創投資本家，於是著手創立另一家公司。而且他決定不募資，打算獨立創業。當時，全球第一款普及的網頁瀏覽器Mosaic，主要設計者是馬克・安德森（Marc Andereessen），但他就讀的伊利諾大學卻決定，把這項技術授權給其他公司，還將他從Mosaic計畫除名。克拉克見機不可失，於是延攬安德森開始打造公司，推廣第一款普及的商業網路瀏覽器「網景」（Netscape）。儘管網景現在已被大多數人遺忘，但他們的確打了一場勝仗。克拉克掌握了天時，輔以洞視、高明的策略運作，迅速攻占八成的瀏覽器市場。他還預見網路使用的爆炸性成長，趁機創立了第一家全球資訊網公司。而他慧眼看中的安德森，則是現今矽谷的重量級創投人。

克拉克由於網景的成功，再加上持有大量股權，從此躋身美國富豪之列。多年來，我們一直都有來往，我深知他為創立前述兩家公司，費盡千辛萬苦。在世人眼中，他是一夕翻身的億萬富翁，但我是他的朋友，知道一些不為人知的故事。例如，他專心研究視算科技的基礎時，不但六親不認，甚至連電費都忘了繳，導致家裡被斷電。我沒見過比他更努力的人，他的每一分財富都是自己賺來的。

那時，我常想到他。我想知道，他在功成名就之後，對未來有何想法？網景已是他人生的第二幕，因此他可能會花一些時間探索下一步。

一九九九年，史丹佛在前任校長卡斯帕的領導下，推動了名為「Bio-X」的計畫，建立跨領域的合作，聚焦於生命科學和生物工程。華裔物理學家、諾貝爾物理學獎得主朱棣文，也是其中核心成員。我身為工學院院長，自然傾全力支持。我們了解，要讓這個新的科學中心建設順利、研究成功，必須仰仗大筆慈善捐款。我突然想到，幹細胞研究是前景相當好的領域，克拉克也許會感興趣。畢竟，對優秀的工程師而言，最好的挑戰莫過於，設法利用新興科技解決難題。

先前，視算科技一炮而紅之後，我曾跟克拉克談過，問他是否想為史丹佛做點什麼，但他那時還沒準備好。現在，網景讓他名利雙收，不知他是否準備好了？我知道我得讓他想得久遠一點，思索自己能留下什麼樣的遺澤。他一直是埋頭苦幹的人，專心面對眼前的挑戰，幾乎不留一點時間給自己思考未來。

那時，我剛好讀了朗・契諾（Ron Chernow）寫的《洛克斐勒：美國第一個億萬富豪》（*Titan: The Life of John D. Rockefeller*）。這位作者為華盛頓立傳的著作，後來榮獲普立茲獎，以開國元勳亞歷山大・漢彌爾頓（Alexander Hamilton）為題的傳記，也改編成熱門音樂劇。朗・契諾筆下的洛克斐勒，是個爭強好勝的創業家，儘管成了美國史上最富有的人，卻在五十幾歲時，因過勞引發心臟病，差點一命嗚呼。

洛克斐勒由於在鬼門關前走了一回，深覺人生苦短，自己的時日不多（其實他後來活到九十七歲），因而突然頓悟：「我賺的錢已經夠多了，不必再賺更多的錢。從今天起，我要當慈善家，使這個世界變得更好。」不久，他就創立了芝加哥大學、洛克斐勒大學，以及洛克斐勒基金會，也資助其他慈善或研究機構，尤其醫學領域。他的善舉，開啟了現代慈善事業的先河。

洛克斐勒最為人津津樂道的，就是他會準備大量、嶄新發亮的十分錢硬幣，外出碰到每一個孩子都給一枚，一生共送出數萬枚硬幣。為了增進人類福祉，他捐出去的善款更是多達幾十億美元。不過，洛克斐勒因石油致富，靠著買低賣高的手段，賺取大量財富，因此被稱為「強盜大亨」，或許還是同代資本家之中，最冷血殘酷、爭強好勝的。但是，他後半生就像變了一個人，謙卑自持，選擇了一條和從商截然不同的道路。

我寄了一本朗，契諾寫的洛克斐勒傳記給克拉克，希望這個傳奇工作狂的故事，能在一個世紀後，為另一個工作狂帶來啟發。我等了一陣子，猜他看完後，再跟他聯絡，提起嶄新的跨領域中心計畫，以及幹細胞和再生醫學的研究。之後，克拉克到訪學校待了一天，跟從事研究的幾位教授談了一下。

克拉克是個知識分子，也是個科學家，這項計畫結合工程與生命科學，希望能吸引到他。他果然心動了，承諾投入一億五千萬美元設立克拉克中心（Clark Center），也就是Bio-X計畫的基地。

但故事還沒結束。就在克拉克許下承諾後不久，也就是二〇〇一年，布希總統（George W. Bush）下令，嚴格限制聯邦政府支援幹細胞研究。這個消息不僅震驚整個學術社群，對克拉克來說，更猶如晴天霹靂。他認為布希政府的決定是一大災難，會傷害自己剛承諾支持的研究計畫，因此他必須發表聲明。最後，他投書《紐約時報》（*The New York Times*），向全世界宣布：

> 兩年前，我同意捐贈一億五千萬美元，在史丹佛大學設立生物醫學工程與科學中心。如今，國會和總統禁止政府資助幹細胞研究與複製技術，

無異於打壓我們的計畫初衷……因此，我決定中止捐贈，扣留剩餘的六千萬美元。

研究中心於二〇〇三年落成，我以校長身分參加典禮，克拉克也出席了。少了他扣留的六千萬美元，我們只得繼續努力募款。幸好，另一位重要捐款人沒打退堂鼓。他就是DFS集團創辦人查克・菲尼（Chuck Feeney），這位不為人知的慈善家低調行善三十年，捐款全部匿名，直至二〇一二年，他的善行才曝光。因此，我們得以披荊斬棘前行，利用現有資源，努力做到最好，也達成一些了不起的研究成果。二〇〇四年，有鑑於幹細胞研究人才不斷流失海外，加州州議會表決通過發行債券，獨立資助幹細胞研究。這個議案等於是為幹細胞研究注射了一劑強心針，也為加州留住其他領域的科學家。

時間快轉到二〇一三年，克拉克中心已成立十週年。在這段期間，克拉克每年都會到訪一、兩次，查看計畫進度。我們決定為十週年紀念盛大慶祝，舉辦一整天的學術研討會，彰顯十年來的研究突破與成就。這也是個好機會，能向克拉克致上最誠摯的謝意，也證明我們善用了他的捐款。那晚，我們安排克拉克壓軸上台發言。

在他上台之前，我一直坐在他身邊，但完全不知道他會說什麼，是否會重提過去的挫折？還是會攻擊聯邦政府短視近利？沒有人能預測接下來會發生什麼事。

克拉克站上講台後，開口說道：「克拉克中心的成就，讓我很感動。這樣的研究真是偉大，你們做得太棒了！」他停頓了一下，又說：「我決定捐出剩下的六千萬美元，補足我原先承諾的款項。」

這樣的時刻令人目瞪口呆，同時閃耀著謙卑的光輝。儘管克拉克曾公開聲明撤銷捐款，最後還是拉下臉補足款項，因為這麼做是對的。能與這樣的人為友，我實在無比驕傲。

幽谷中的謙卑光輝

對我而言，上台發言一直是件難事，我也不大有天分。在我職涯的前半，每次演講總是少不了投影片、簡報，上面有很多圖表、文字和方程式。突然當上校長之後，我常常必須對數量不等的聽者說話，少至一人，如重要捐款人，多則兩萬人，像是畢業典禮的與會來賓。而且，我頭頂沒有投影片，也沒有簡報，有時甚至沒多少時間準備。也許這對有些人來說駕輕就熟，可惜我不是。我必須一步步學習，至少在一開始，我惶恐至極。

創業早期，我曾陷入困境。所謂塞翁失馬焉知非福，那次的難關給我上了一堂課，讓我領略領導人的說話之道。一九八六年，我三十四歲，美普思創立已有兩年，成長相當快速，為了因應這樣的成長動能，我們迅速招募了很多新員工。不幸的是，成長並未持續。雖然公司還在擴張，營收很穩定，交易也屢屢談成，開支卻暴漲得太快。我們本來應該趁早籌募資金，但因為正值執行長交接的過渡時期，就忽略了這件事。一轉眼，公司財庫空空如也，眼看著下個月就發不出薪水了。

我們別無選擇，只能裁員。公司員工總計約一百二十人，我們必須裁掉四十人。領導團隊決定盡量讓工程師留下來，如此一來，對其他部門的人打擊更大。禮拜五早上，我們發出解雇通知書，到了中午，四十名被裁員工已打包走人。

那感覺糟透了，我未曾想過公司會有如此黑暗的一天，希望這輩子不會再有第二次。在這樣的時刻，如果我們姿態夠低、虛心接受，就有機會從錯誤中學習，洗心革面。然而，那天我的考驗還沒結束。

接下來，我們的新任執行長鮑伯・米勒（Bob Miller）決定，當下最好的舉措，是在下午為「倖存者」召開全員大會。他要我上台講幾句話，為他們打氣。儘管我實在一點都不想這樣做，但身為共同創辦人，我知道自己必須站出來。起先，我承認我們犯了錯，接下來我強調，公司依然有光明前景，必然能度過難關。後來，我才了悟，承認錯誤、凝聚士氣的談話，對領導人來說非常重要。我很慶幸當時有機會讓團隊重振信心。

十二年後，我被指派為史丹佛的校長，消息宣布後，我必須上台面對數百人，簡短發表我的治校理念，以及對這所大學的願景。說實在的，這是我第一次正式演講，手邊沒有任何影音素材的輔助。如果是學術演講或教學，當然不成問題；但就職演說完全是另一回事，我緊張到如置身煉獄。你問我如何通過這一關？因為我對於被選為校長心懷謙卑，演說就著重在我倍感榮幸，承自前任校長的建樹，希望能貢獻己力，使史丹佛成為一所更好的大學。

這樣的經驗，使我能準備好因應職涯中的不同情況，如代表史丹佛大學回應九一一事件，與二〇〇八年的金融海嘯（詳見第五章）。① 這些事件使我放低姿態，但依然能起身迎向挑戰，最終也磨練我成為更好的領導人。

謙卑與野心

在為本章作結之前，我得補充，我所說的「謙卑」，並不是某些人與生俱來的人格特質。不過，思索自己出身的幸運，有助於培養謙卑之心。謙卑的焦點不是自我犧牲，而是巧妙、有一定目的，而且領導人必須透過實踐發展出來，就像勇氣和決斷。如果你以謙卑來領導，你不必宣揚自己的成就，這種事讓別人來做就可以了；你必須了解自己可能做得不對，並願意公開坦承認知可能有誤；你得願意尋求協助，因為知道自己需要幫助；你要抓住機會，從錯誤學習，勇敢迎向挑戰，好讓自己成長。

這種謙卑並不是缺乏野心。林肯總統（Abraham Lincoln）虛懷若谷，但不乏野心。②我同樣也是有野心的人，喜歡在比賽和高爾夫球上勝出，但我的野心不在獲取個人利益。我的野心是有所作為，發揮影響力，讓我服務的機構和社群變得更好。如果要兼具謙卑與野心，也許最好的做法，就是為他人的利益而努力。

謙卑是個人成長的基石

不久前，我卸下校長職務，和當初請我當校長的董事會成員，也是我擔任校長時的主席艾薩克・史坦（Isaac Stein），一起追憶過去的點滴。史坦正在找尋我的繼任者。他說：「約翰，你知道嗎？當初你會脫穎而出，是因為我們在你身上看到的特質，相信你有成長的潛力。」

對我而言，這簡直是天大的讚美。回想十五年前剛上任的那股「青澀」時，我極力控制自己，不要顯得過於窘迫。在史坦眼中，成長的潛力就是最重要的特質。他說，他們雇用我的時候，無法預料我能有多大的作為。現在，他和校長遴選委員會正設法量化，找出評估這項能力的標準，以做為尋找下一任校長的重點。

別人如何衡量你在工作上學習的能力？我想，首要評估標準就是謙卑。如果你有自知之明，知道自己還有很多東西要學，在某些方面無法勝過別人，也深信集思廣益的力量，不會堅持一己之見，你自然就會謙卑，也會努力學習讓自己進步。

也就是說，如果我們以謙卑做為領導的核心，領導人的角色就會出現變化。我是在美普思學到這一點的。身處新創公司，時間被極度壓縮，即使是極小的錯誤也可能致命。領導人不該和部屬分離，而是必須成為團隊中的一員。你的工作不是指使別人做事，而是致力幫助他們做得更好。所以，當初我們準備要把第一個晶片送廠時，卻發現執行最後驗證的人手不足，我義無反顧立即跳下去幫忙編寫驗證程式。

美普思第一任執行長威蒙德．克蘭（Vaemond Crane），也會這麼做。他宣布要在禮拜六早上開員工會議，藉此讓公司裡的每個人知道，週末至少得工作半天。這些會議也如同宣示，資深經理人（包括他自己）也得做好份內的事。不過，週末開會時，他總會帶來一大盒甜甜圈，跟員工搏感情。我也常看到這位執行長在茶水間擦拭檯面，不覺得自己高人一等。在一家炙手可熱的科技新創公司工作，壓力之大無可比擬，他如此謙卑的姿態深深感動了我，讓我多年難以忘懷，也提醒自己身為領導人應有的態度。

雖然我就像大多數的人，在很多方面都有不足之處，需要學習謙卑，我也得搶先承認，自己並非天生謙卑。不過，我已經深深體會到表現謙卑的重要性，特別是做了錯誤決定之後。每一位領導人都會犯錯，此時最好接受自己的錯誤，勇於認錯，再決定如何繼續前進。我將在本書以自身經驗為例說明這點，其中過程也許教人難堪，但如果你夠謙卑，一切就容易多了。

第　2　章

真誠與信賴：高績效領導的關鍵

將腳踩在對的地方，然後站穩。

——林肯總統

保持正直經常是我們在職業和私人生涯最大的挑戰。嗯，或許是吧。但我認為還有更大的挑戰。請別誤會我的意思，一生正直絕非易事，當然，如果人人都能正直，人類文明就可以獲得更大的好處。我的很多偶像都是正直不阿、言行一致的正人君子，如華盛頓、林肯、老羅斯福總統（Theodore Roosevelt）和惠普（Hewlett-Packard）共同創辦人大衛．普克（David Packard）。他們雖不完美，但都堅守正直，當然世上也無完美之人。

當我們談到正直，例如訓誡孩子：「不可說謊、不可偷竊、不可欺騙，即使沒有人在看，也得遵守規矩」，就是導引他們像世上幾千萬人一樣，每天實踐良好的行為。藉由信仰和家人的幫助，加上對法律的畏懼，正直很容易達成，而且通常沒有模糊地帶。

而比正直更難以每日實踐的是真誠，特別是對成年人。真誠不只是說話誠實，還要對自己、對他人、對社群和其他所有人都誠實以對，即使遭受批評或是引發爭執，也得堅持到底。在這個世界上，在待人接物上能正直不阿的人，有多少是真正真誠的？

真誠是建立信賴的基礎，也是成功領導的關鍵。真誠很微妙，而且包含多種特質，①基本上，要展現真誠，我們可以依循林肯的建議。有一次，林肯幫助一名護士走下馬車時，對她說：「將腳踩在對的地方，然後站穩。」但是，我們該如何決定要踩在哪裡？而且一旦決定之後，又如何以勇氣堅定信念？

有為者亦若是

要知道如何實踐真誠，最好的方式就是先了解什麼不是真誠。一九六〇年代，還在成長階段的我，已經領略到所謂的真誠浪潮。那個世代的年輕人，想要脫離既定的社會角色，和社會對他們的期待，提倡忠於自我，不壓抑返祖衝動（atavistic impulses，編注：指回歸人類原始狀態、依照本能欲望行動的衝動），不受外在法律和規則的約束。我了解這種人生哲學，但半個世紀後，我也目睹完全採納這種思想帶來的禍害。如果真誠崇尚不擇手段，或不惜一切代價獲勝，順遂己心，那就危險了。我們是人類，不是禽獸。在我看來，我們最重要的任務是，學習如何改善自己，成為心目中理想的人。

近年來，我們看到「真誠領導運動」（authentic leadership movement）的興起。「真誠領導」是哈佛商學院提出的管理典範，之後有不少雜誌、期刊、專書探討這個領導理念，這也是熱門的演講主題。然而，時間愈久，講述的人愈多，反而愈來愈讓人一頭霧水。

有些經營理論一下子爆紅，人人琅琅上口，卻像曇花一現，很快就無人聞問。「真誠領導」有時淪為格言或標語，像是「以誠實、謙卑、幽默、開放和坦誠的態度來領導」。毫無疑問，這些都是正面的領導特質，但我說的真誠不是這麼簡單。

想想以下這句智慧之言，據說源於蘇格拉底：「獲得美名最好的方法，就是努力變成你渴望成為的樣子。」要好好實踐真誠，不妨從這裡開始做起：找出你景仰的特質，然後努力成為那樣的人。

儘管我們有先天的限制，只要發心實踐，依然能夠成為自己渴望成為的樣子。我們大抵忘記這點，但前人可一直銘記在心。在美國歷史上，沒有比華盛頓更好的楷模了。華盛頓極其自律，追求個人發展，就是為了遺澤流芳。他鍥而不捨抄寫行為準則，而且身體力行，以成為有榮譽、勇敢、道德高尚的人。其實，他本來不是這樣的人，二十幾歲時還很魯莽衝動。但是，當他統帥獨立戰爭大陸軍（Continental Army），而後成為美國總統之時，他渴望具備的形象已經深入骨髓，造就他的真誠，不管他的朋友或敵人都有目共睹。

因此，你必須實踐的是，找出自己欽佩的美德，努力培養它們，並懷抱謙卑之心走上這條路。而且，就在你自認抵達終點時，冥冥之中，人生總是有辦法帶你回到起點。②

回顧我的人生之旅，困難的決定都會涉及兩個問題：我該選擇哪一條職涯之路？我領導的社群出現意見分歧時，我該堅持什麼樣的立場？一旦我決定在哪裡立足，接下來的挑戰就是如何堅定不移。要解決這道難題，通常我的做法是，清楚說明選擇在那裡立足的理由。

真與誠之難

如果我們站在多數人那邊，說實話很容易，因為穩贏不輸，不必承擔什麼後果。在這種情況之下，被稱讚是說實話的人，讓人感覺良好。然而，如果你說的實話是別人不想聽的，你自己也不好受。比方說，傳達壞消息，或是可能被人拒絕、羞辱，甚至受到生理傷害，或是遭到社會排擠等。我們喜歡幻想自己冒著極大風險，為了對抗不公不義之事挺身而出，或是以榮譽之名，考慮將遺產全數捐出，又或者因為不願違背自己的原則，受到大眾排擠。但是，我們真的願意這麼做嗎？要做到這個地步，遠比遵守正直的基礎原則來得更難。

即使我們不是為了一己之利，而是為了更多人的利益，才說出醜陋的真相，尤其這樣的真相會傷害到我們關心的人，我們自己也不免痛苦。難怪很多人寧可做一個不真誠的人。你也許會很驚訝，即使在科技業或其他產業，有些具有影響力、知名的領導人，也認為說實話極難。我認識的人當中，有人誠實到近乎殘酷、不顧別人的感受。這個人就是賈伯斯，他根本不在意跟他共事的人是否喜歡他，也不想討好別人。但是，對大多數的人而言，受人喜愛是我們在社會中處之泰然的關鍵之一。

很少有人會想要阻礙他人職涯、擾亂別人的生活，或是讓積極進取的員工洩氣。然而，如果連開除問題員工，或執行必要的裁員都下不了手，則會在無形之間造成更大的問題，影響團隊的運作或士氣，甚至連組織本身都無法存續。

極其諷刺的是，有些公司領導人，不願承擔開除員工或裁員的心理壓力，就雇用「劊子手」去做這些會弄髒手的事，美其名為「顧問」。其實，領導人把這個燙手山芋丟給別人，也就少了一個學習機會。雖然領導人可以暫時喘一口氣，不必自己面對，但是傳達給公司上下員工的訊息，卻是顯而易見：碰到難題時，這個領導人只想逃避。

對其他主管而言，在公事上，真誠也是很大的考驗。有些執行長不想扮黑臉，希望當鼓勵員工的好好先生，只要有人提案，大都抱著樂觀其成的態度。但是，如果讓員工實現夢想，卻會為全公司帶來負面影響呢？你可能還看過優柔寡斷的主管，老是變來變去，拿不定主意，只要換一個人找他「溝通」，他就馬上改變心意。員工看穿這一點，很快就知道，只要最後一個去跟主管談，就可拍板定案。

為了討好人而給答案，當下固然感覺良好，惡果卻會長久籠罩著組織。最好依循真誠的路來走，了解全體的任務和方向，把腳踩在正確的位置，面對挑戰，做出困難的決定，然後站穩，堅定不移。

為什麼真誠是領導力的關鍵？

職涯早年，我在大學擔任行政人員時，發現自己有時處於尷尬的處境，必須板起臉孔告訴同事，如果他們不思改變，就拿不到終身聘。更令人難堪的是，有一位教授還是我自己找來的。當初在應徵他時，真是一時俊秀，有望成為學術界的超級巨星。這位教授應聘後，表現也確實很有潛力，但卻有一些不容忽視的缺點。

雖然實話令人難以啟齒，但我知道必須硬著頭皮去做。如果我不督促自己改變，不管是學校或是那位教授，都無法變得更好。我知道，如果我龜縮，只會害了那位教授。於是，我實話實說。我承認自己做得不夠明快，講得也有點含糊，這是我的錯，但我終究還是辦到了。

這麼多年來，我一直努力扮演好黑臉的角色，該說的壞消息絕不隱瞞，或是把責任推給別人。當然，過程實在不好受，我也不一定每次都能速戰速決，甚至不知有多少個夜晚，必須為之輾轉反側。一方面要有同情心與仁慈，另一方面又要真誠、誠實、做好份內的事，實在不易平衡。有時，即使你很為難，也還是想達成自己選擇的理想，盡力表現得像是理想中的領導人，即使你還不大適應。透過這樣的試煉，一次又一次克服不安，我們才能成長，成為自己心目中理想的領導人。

管理一個大型機構，在一天當中必須和很多不同團體打交道，還會碰到種種情況，各方各派的人對你都有各自的期待。我在擔任校長期間，發現必須因應每一刻的需要，展現自己的不同面貌。這些面貌可能源於我原來的性格、我渴望的特質、我的個人背景和職涯經歷等等。可以說，身為領導人必須像變色龍，在不同的情況之下，展現不同層面的自我，就像有不同的「人格」。但是，如果要讓各方各派的人感覺你言行一致、誠懇、值得信賴，也就是真誠的人，每個人格都必須源於真實的自我。

為什麼與人建立真誠的連結如此重要？因為你總有一天，需要請這群人跟隨你的腳步向前走，但這條路不一定和他們的抱負或計畫一致，然而，為了整體組織的利益，你必須請他們與你同行。如果他們不信賴你，不相信你會把他們和群體的利益放在心上，就不會追隨你。[3] 在大公司，要做到這樣已經夠難了。在大學，更是難上加難。因為你要面對的各方社群，例如教職員、學生、董事會和校友，通常各有各的意見，其中，還有一群終身職教授，享有完美的工作保障。如果大學校長無法獲得所有人的信賴，不但績效不彰，也可能無法久任。

不用多說，你也該知道，這種信賴不是可在一夜之間形成的。在我看來，領導任何複雜的組織，都像是跑馬拉松，而不是短跑衝刺。如果你不能把眼光放遠，快刀斬亂麻，盡快讓某位員工離開，或是終止某項已現疲態的計畫，你的領導效能就會大打折扣。最後，你得面對難題，通過試煉，才能和各個社群建立信賴關係。這一點，我們將在第五章〈勇氣〉詳細討論。④

與組織外的人建立信賴關係

當然，要與公司或大學內部人員建立信賴關係，真誠非常重要，但與外界的人打交道時，真誠一樣是關鍵。大公司和大學的本質截然不同，但結構類似，一樣必須顧及內部的人（員工），還有相互對應的外界人士（詳見表1）。

表 1

公司	大學
董事會	董事會
顧客	學生／家長／研究贊助者
股東	校友／捐贈者

我如何與這些不同的群體建立信賴關係？對學校董事會，我決定不管情況如何，都給他們「真正的獨家新聞」。此外，他們相信我，知道我會支持某一項議案，必然是著眼於學校的最佳利益。反之，我也得相信董事會會支持我，一旦做了決定，我們就會團結一致。所謂一致，並不一定指所有人都異口同聲表示同意，而是一旦通過某項議案，即使情況出現些許變化，不得不稍微調整一下做法，董事會依然會百分之百支持領導人。請注意，承諾也不表示所有人都沒有疑慮，凡事總有不確定因素。不管如何，要成功推行新的重大議案，打從一開始，領導人和董事會都必須全心全意，致力於實現目標。史丹佛紐約校區計畫胎死腹中就是一例，詳情請參

見第五章〈勇氣〉。大學領導人與董事會能否同心協力，就看雙方能否建立信賴關係，有了這層關係，才能在計畫成形前互相分享理念和願景。這樣的能力相當重要，我們才能發展出策略性的計畫「史丹佛挑戰」（Stanford Challenge），此事的來龍去脈，請參見第七章〈創新〉。奈特－漢尼斯學者獎學金計畫的願景，也是經由這項能力孕育出來的。

我身為公司董事會的成員，也是依循這樣的工作準則，希望公司領導人能誠實、坦率。董事會可能會提出難題，挑戰領導人，不過一旦做了決定，董事會和領導人就會團結一心。我將在第六章〈協作與團隊合作〉，探討如何與董事會建立密切的關係，齊心努力。

面對學生與家長時，為了建立信賴，我總是盡力挪出時間跟他們見面，以開放的態度接受提問，直言不諱回答問題。每年，我會在史丹佛大學舉辦迎新會的那個週末，和未來的新鮮人及家長見面，也會出席家長會，和與會學生的父母見面。不管是迎新會或是家長會，我在簡短的致辭之後，還會開放Q＆A時間，盡可能精確、誠實回答每一位學生或家長提出的問題。他們提出的問題五花八門，從自行車安全帽到教學倫理、從申請學費補助到如何尋找指導教授。例如，家長常常問我，為什麼不禁止學生在學校宿舍喝酒，並嚴格處罰違規的學生。我回答說，這麼做可能造成不良結果：學生開車到校外喝酒，會比在宿舍裡喝更危險；或是他們會偷偷喝，導致酗酒的學生無法受到幫助，面臨的風險大幅增加。我還解釋，校方了解學生，他們無論如何都會想辦法喝到酒，學校再怎麼嚴禁都無法杜絕，因此不妨讓他們守望相助，一旦發現問題，可以及時伸出援手。

我在校長任內，幾乎每年都會盡量安排時間訪問新生的宿舍。通常，我也都能巡視完，新生入住人數最多的那幾棟宿舍。到訪時，我會先簡述自己在史丹佛任職的歷程，然後開放住宿生提出任何問題。學生的問題無奇不有，例如，他們問我穿三角褲或寬鬆的四角褲？我在這個校園內最喜愛的地方？有哪些有趣的課程可以選？如何決定主修的系所？也有人觸及嚴肅的議題，詢問移民政策改革、伊拉克戰爭，甚至是犯三次重罪就判無期徒刑、二十五年不得假釋的加州三振出局法等。

提問最熱烈的一群學生，則提倡校方應該從化石燃料企業撤資。我向他們解釋，學校董事會正在考慮撤資，但還須評估學校投資的公司，是否對社會造成傷害。就石油化石燃料產業而言，最重要的是權衡社會利益與所需的能源，以及氣候變遷帶來的弊害，兩害取其輕。我們尚未從所有化石燃料公司撤資，但已決定不再投資涉及煤礦開採，以及使用燃煤的公司。要讓全美國（或是我們大學）放棄所有化石燃料，這種做法是不切實際的，但至少我們可以不使用煤，改用傷害較小的替代能源，如天然氣。雖然很多學生對這樣的決定仍不滿意，但我們可以用理性來討論。儘管擴大撤資行動有其優點，說實在的，我堅信自己給出的就是最好的答案。

我到訪新生宿舍的目的，就是為了和學生建立關係。我希望他們認識我這個人，了解我的所做所為，是為了整個學校的最佳利益，同時展顯我將理性決策奉為圭臬。我希望這些細節能成為信賴關係的基礎，推動彼此關係繼續發展。而且，這種做法總是能奏效。

正如我以開放、真誠的態度面對學生和家長，公司也應該與顧客發展信賴關係。如果公司產品性能不佳、出貨量不穩定或是不夠可靠，卻以不誠實的方式誤導顧客，讓他們相信產品都沒問題，隨時可以供貨。顧客一旦吃虧，就再也不會回頭，公司信譽也會一落千丈，很難再挽回顧客的心。最近爆發的一連串公司醜聞，顯然涉及欺騙顧客。這提醒我們，一旦失去信賴，就像斷了線的風箏，難以尋回。

Google 因為重視這樣的信賴關係，因此致力提供正確無誤、不偏頗的搜尋結果，並且把搜尋結果和廣告分開，不會偷雞摸狗亂塞廣告，讓用戶上當。如果用戶不相信 Google 搜尋引擎的演算法，自然會摒棄它。

我身為公司董事會成員，了解公司與股東互相信賴的重要。這種信賴超越《沙賓法案》（Sarbanes-Oxley Act）要求的誠信，畢竟，那樣的誠信只是最低標準。股東是否相信，經營團隊誠實評估了挑戰與機會？如果不相信，他們為何要持有這家公司的股票，而不是別家公司的？

一所大學與校友和捐贈者的關係，比公司與股東的關係更重要。畢竟，股東可以替換，儘管這樣可能很痛苦，股價也會打折扣。相形之下，學校與校友和捐贈者的關係，不僅必須花費數十年構築，也是無法取代的。

為了吸引校友和捐贈者的參與，與他們分享學校消息，討論未來的願景，我們會舉辦一些活動，讓他們得以感受我對這所學校的熱忱，以及說明學校享有的機會。這種刺激非常重要，可以啟發校友和捐贈者，願意支持我們的工作和使命。像這樣出於真誠的行動，每次都能發揮效果，讓他們願意共襄盛舉。我的熱情和領導的動能，都來自於我對這所學校的承諾、信念，以及我對成果的渴望。

面對潛在的捐贈者，校方除了給他們靈感，還必須與他們建立信賴關係，如同顧客在大批採購之前，必須先信賴供應商。主要捐贈者與校長合作，促成巨額捐款，是相信校長和學校，會好好運用這筆錢達成目標。在很多情況下，校長會確認捐贈巨款的用途，以及其他所需資源。這樣的信賴關係能帶來新的提案計畫，沒有捐贈者的大筆善款，就沒有這些計畫。

真誠領導：成長與開悟之旅

我很幸運，在高中就知道自己的興趣在計算科學，進大學不久就立志當教授。我未曾偏離這條路，也從沒後悔過。有一年，我向史丹佛申請休假，八成的時間都用於設立美普思，這是一家無晶圓廠半導體公司，我們設計、研發、應用和銷售晶圓，將製造外包給專業晶圓代工廠。即使如此，我還是堅定認為，公司上軌道之後，我就可以回學校了。四十年來，我一直在史丹佛大學全職工作，它是我唯一的雇主。我想，這使我在矽谷成了異數，在那裡工作的人，一般在二十年內總會換三、四次工作。

畢生皆在同間一公司或機構工作，是否比較有利於建立真誠的聲譽？我想也許是吧。當然，數十年忠於單一雇主，和同一批同事共事，能不斷強化誠信的行為。但是，有時候，單純的學術生活，數十年一成不變，則可能讓人頹廢、倦怠。如果你已有終身職，學校不能解雇你，為什麼要更加努力、自我鞭策、接受新的挑戰、做艱難的決定？很簡單，因為聲譽就是你最寶貴的資產。原地不動，不求進取，聲譽不會增加，只會慢慢受到侵蝕。

相形之下，在一家快速成長的公司工作，則有不同的誘惑：投機取巧、短視近利、打擊同儕。萬一出差錯，還可以換一家公司，重新開始。也就是說，環境的快速變化和激烈的競爭意識，會強化規範性的舉措。這也就是為何，在我認識的人當中，最開明、誠實、受人尊敬的人，亦即最真誠的人，往往就是公司執行長。儘管一個人可能因為冷酷無情、不擇手段，在公司不斷往上爬，但董事會甚至股東，不大可能讓如此具有破壞性的人，接近權力槓桿。

讓我們回到起點。你還年輕的時候，不一定知道自己想成為什麼樣的人。就我的經驗而言，很少年輕人會設定好人生目標，更別提貫徹終生的目標。其實，職涯之路大部分只是知道自己今天要往哪個方向走，不一定知道終點在哪裡。終點並非固定不變的，是隨著你前進時，不斷創造自我，終點也會跟著改變。你還非常年輕時，也許已經建立了一些核心價值，但是隨著時間推移、生活經驗增長、藉由觀察他人，或閱讀偉大的傳記，你還能發展出更多的核心價值。無論如何，從別人那裡學習比較不會那麼痛苦。若需要更多資訊，可以參考本書後記列出的傳記書單和注解。

領導之路也是一樣。很少人一開始就具備成熟的領導特質，林肯總統對於奴隸制度的立場轉變，就是一個很好的例子。早期，他雖然反對廢除奴隸制度，卻未曾強力主張。後來，他假借戰爭之名，高舉道德的大旗，轉而堅定反對奴隸人數增長，頒布《解放奴隸宣言》（The Emancipation Proclamation）。最後，他在遭到暗殺的幾個月前，才剛批准《第十三條修正案》（Thirteenth Amendment），宣布奴隸制度違憲。隨著時間進展，林肯總統成了「人生而平等」價值觀的真誠擁護者。⑤

我在領導這條路上，曾扮演各種不同的角色，責任也愈來愈大。我對教學和研究的熱愛，使我走上學術生涯。我希望當一輩子教授，享受作育英才之樂，壓根兒沒計畫過、也沒想過，要創業開公司或是當大學校長。然而，經過時間的洗禮，我才意識到自己能夠勝任這些角色，並且充滿真誠與熱忱。

一九八〇年代初期，史丹佛有一群教職員和學生，投入設計微處理器的研究計畫。那時，ＩＢＭ和柏克萊大學的研究人員也在做類似的研究。各方的研究成果，促成了精簡指令集（ＲＩＳＣ）的革命。我們發表了論文，認為產業界應該會根據我們的研究成果，發展出更好的技術和產品。可惜，沒人這麼做。

後來，迪吉多公司（Digital Equipment Corporation，當時僅次於ＩＢＭ的電腦公司）的早期員工高登．貝爾（Gordon Bell）來找我。他意識到我們研發的技術有何過人之處，建議我們如果要讓這樣的創新蓬勃發展，必須有人跳出來，創立一家公司。否則，研究心血只會被束之高閣，最後無人聞問。他還問了我兩個問題：你是否相信，你們的研究結果就如你聲稱的，是一項革命性的技術？如果是，你是否願意承擔可能失敗的風險，全力發展這項技術？

貝爾說得很有道理，但創業是個重大決定，我實在放不下心愛的學術工作。然而，最後我還是回答：「是的。」現在回想起來，那時的我心中當然存有疑慮，如果我有自知之明，認清自己對於創立公司所知不多，給出的答案可能不同。即使如此，美普思在其他兩位共同創辦人的協助下順利誕生，也在建立RISC技術上占有一席之地。三十多年後，這項技術的核心理念依然可行，而且廣泛運用在各種行動裝置中。其實，當我正為本書進行最終修訂時，我與柏克萊大學RISC計畫的負責人大衛．派特森（Dave Patterson），因為這項研究發現，共同獲頒計算機科學領域的最高榮譽「圖靈獎」（Turing Award）。

我在大學的領導之路，建構於我逐漸了解「領導的職責在於服務」，以及我對史丹佛與其核心任務與日俱增的真正忠誠。真正的轉變，發生在我從工學院院長轉任教務長之時。

擔任工學院院長期間，我設法兼顧教學與研究，畢竟這是我進入學術界的初衷。我仍是幾名博士生的指導教授，會參加幾場重要研討會，也繼續修訂與人合著的兩本教科書，每一到兩年開一門課。雖然我的主要任務是領導工學院，我並未放下教學和研究工作。

然後，某個禮拜五下午，卡斯帕校長問我，有沒有興趣擔任教務長。在這個職位上，我可以偶爾教幾堂課，或是進行幾場客座演講，但基本上必須全力投入領導工作。當上教務長之後，我就不能再指導博士生，畢竟資訊科學研究領域日新月異，我必須與學生密切合作。我放得下嗎？我能做好教務長的工作嗎？我請卡斯帕校長讓我在週末好好考慮。

那個週末是一年一度的創校校慶，開朗的現任教務長萊斯，發表了一段演講，十八年後的今天，我還記得她當時說的字字句句。萊斯談到她的祖父——來自阿拉巴馬州、窮苦勤奮的黑人佃農，發現自己如果選擇當長老會牧師，就有希望上大學。⑥萊斯接著描述，祖父掌握這個上大學的機會，因而改變萊斯家族的發展軌跡。不但祖父自己上了大學，兒子和孫女也都上了大學。他的孫女，也就是萊斯，甚至成了史丹佛大學教務長，即將擔任國務卿。最後，她展現了對教育的熱忱，承諾會一直致力於教育。她說，當初會接下教務長的職務，正是因為相信教育具有改變人生的力量，如同教育改變了她的家族。

在那一刻，我知道我得問自己，是否願意為了這所大學的使命全力以赴？我相信自己的研究、教學很重要，也相信工學院參與的工作很重要，但是我是否相信整所大學，從醫學院到文學院、社會學院、法學院、商學院，進行的工作舉足輕重？我是否能真誠許下承諾，以熱情來領導整個機構？

聽了萊斯的演講後，我心裡已經有了答案。禮拜一早上，我告訴卡斯帕校長，我願意接任教務長。經過一番長考和萊斯給我的啟發，我只能義無反顧，接下這個重責大任。

第 3 章

領導就是服務：了解誰為誰工作

慶祝勝利或是有好事發生時，我們最好站在後面，讓別人在前面。
但要是碰到危險，我們則必須站在最前面。
如此，人們才會欣賞你的領導力。

——尼爾森·曼德拉（Nelson Mandela）

我知道對很多有權勢的人來說，最難學會的一課就是了解「領導即服務」。有人甚至永遠學不會。這一課很難，因為身為領導人，幾乎所有的層面都在在顯示，領導人的薪酬最高，比部屬還多，而且領導人握有實權，能對團隊發號施令，決策總是最被看重，部屬也必須貢獻心力，為領導人服務。說得更正確一點，是為自己所屬的機構服務。

因此，領導人常常忘記，自己應該為別人服務。當部屬承擔繁重的工作，領導人的任務是讓他們更有效率、提高生產力。① 如果你能這麼想，等於是把公司組織圖顛倒過來：你在倒金字塔的塔尖、整個組織的底部，支撐整個金字塔。這是我的經驗告訴我的，而且我深信不疑。是的，領導人就是僕人。如果你無法接受、活用這樣的角色，就不能好好領導一個機構。因為，你只會著眼於自己的利益，而非所領導的社群或組織。長遠來看，你必敗無疑。

當年，我還在考慮要不要接任工學院院長時，當時的院長吉姆・吉本斯

（Jim Gibbons）給了我一句最好的領導建言。他說：「不要因為頭銜，或是職務帶來的尊榮，而接受這份工作。如果你想為同事和學生服務，再接受吧。因為這份工作的本質，就是服務。」

他的話讓我深思良久，最後我決定了：「好吧，我願意為大家服務。」從那時開始，我一直努力照吉本斯說的去做。其實，在我考慮要不要從工學院院長轉任教務長時，吉本斯的建言正是我下決定的關鍵。答應擔任教務長、挺身而出後，我發現一件很有趣的事：領導的角色愈重要，服務精神在這個角色占的位置也就更顯著。

起先，我只是領導一支小型研究團隊，工作基本上是幫助研究生順利完成研究。後來，我被任命為研究實驗室的負責人，工作任務轉為招募年輕老師，指導他們，讓他們好好發展。我的頭銜是領導人，必須擔負不少責任，但最重要的，還是學生和教授的研究。我努力支持他們，讓他們得以成功。我升任計算機科學系主任後，首要目標還是一樣，致力成為系上師生成功的助力。當了工學院院長之後，我則盡力提供更多的服務，讓校務順利進行。學校成功與否，會影響我的聲譽嗎？那還用說！但是，我無法憑藉一己之力創造成功，我的成功繫於幫助學校的每一個人成功。我的領導生涯大抵像一面鏡子，反映全校成員的成敗。

當了校長之後，我發現服務領域變得更大，服務對象包括學生、教職員和所有校友。我在學校的「家族」，從實驗室裡仰賴我的幾個人，擴增到好幾萬人，遍布於校區中的數百棟建築、一百多個單位。但我的任務基本上還是一樣，為各方群體服務，增加集體成功的機會，帶領這個學術機構走向成功之路。

我相信，前任院長給我的訊息就是：如果你認為領導人的角色，是要幫助自己前進，獲得更重要的頭銜、獎項，以及更多薪酬，你將永遠無法看到真正的成功。每前進一步，領導的負擔只會更加沉重，直到你發現無法獨自前行。

反之，如果你把自己的任務，定義為號召每一個人，請大家支持，朝向你為組織設定的目標齊心努力，最後就能一起抵達目的地。

還要記住一點：謙卑。了解有多少人依靠你是不夠的，你也必須了解自己有多依賴別人。就一個機構的日常運作而言，每一個為你工作的人都是重要角色。這也就是為何，即使我工作到很晚，總不忘向工友說聲謝謝。就算我掌管了他的薪資簽核，但真正讓辦公室保持潔淨、無損的人，是他。

從長遠的觀點來看，你為誰服務？

如果領導和服務有關，領導人該為誰服務？正如前一章所述，大學和公司的結構類似，公司方面有董事會、員工、顧客和股東，對上大學則是董事會、教職員、學生與家人和校友。不管是公司或大學，領導人都必須顧及、平衡每個群體的需求和願望。問題是，領導人應該把焦點放在短期還是長期需求？

在商業界，答案很複雜。即使是同一個群體的人，例如股東，每個人都有不同的觀點，有人著眼於短期利益，有人則重視長期投資。顧客也分成不同客群，有些是潛在的常客，傾向用長遠的觀點來看，有些只著重單次的價格高低，價格不夠優惠，就再也不會回頭。員工則比較會用長遠的觀點思考，特別是忠心的員工。在我看來，公司領導人的工作之一，就是在長期和短期利益之間求取平衡。通常，領導人有業績壓力，必須著重在季度收益和短期報酬上。若是領導人任期不長，會傾向把目標放在短期利益；如果任期長，則必須以長遠的觀點，使個人利益（和薪酬）與公司（及股東）的長期目標相符。

對於一所大學而言，把焦點放在長期目標，更是理所當然。聲譽之於大學，就像股價之於公司，因此大學裡所有的利害關係人，都很在乎學校的聲譽。一旦出了大錯，例如財務或學術醜聞，短期內會使大學聲譽受到影響。然而，一般而論，大學的聲譽關乎長期因素，因此眼光要正確、放長遠一點。大學面臨的挑戰是，不同的利害關係人，優先考慮的事物和方向都有所不同，必須使所有人的長期利益得以平衡。

把眼光放遠是什麼意思呢？在我看來，就是考慮公司五到十年間的成長情況，大學則是思索十到二十年的發展。當然，這並不代表可以忽略短期目標，重要的是設想組織要如何發展、往哪個方向前進，才能有健全的成長軌跡。根據我在學術界和高科技公司的經歷，我了解這種長遠思維非常重要。由於新的發現和發明不斷冒出來，挑戰和機會的版圖因而出現變動。如果你希望自己的機構保持領先地位，就得時常探索，看未來有何機會，並確保團隊具有洞燭先機的能力。正如第七章〈創新〉所述，這種長遠的觀點，對促成新的發展方向和機會是必要的。

有時，眼光放得更長遠，有助於設立目標。二〇〇〇年十月，我在準備就職演講時想到，自史丹佛大學創立以來，在這一〇九年間領導大學的歷任校長，特別是第一任校長大衛・斯塔・喬丹（David Starr Jordan）。史丹佛大學成立之後，他和眾多師生一同設立了很多正確的目標。因此，我回溯喬丹校長的就職演講內容：

「身為這所大學第一年的老師和學生，我們必須為學校打下根基。只要人類文明不滅，這所大學就能長存。」

他所聚焦的長期視點，使我想到四個問題：史丹佛代表什麼？十年後，我們會如何？一百年後呢？我們如何確保後代也能擁有相同的機會？當我面臨真正的重大挑戰，不管是危機或是機會，總是會想到最後一個問題，也得以展開思考。不用多說，伴隨長遠思維而來的，是更多的不確定因素，我們也可能懷疑方向是否正確，領導人也不免動搖。排除這些疑慮的代價，就是選擇一條捷徑，以及採取漸進式的做法，但這絕對不是我的風格。

當然，我不只是在校園內實踐服務式領導。除了為史丹佛相關人士的短期和長期目標努力，我也關心學校身處的廣大社群，並且深知我們應負起的責任。對領導人來說，有兩種形式可以服務社群的要求：一種是針對領導人的，另一種則涉及組織中大多數的人。接下來，我們就依序來討論這兩種形式。

為社群服務的領導人

領導人要面對的一個現實就是，爬得愈高、責任愈大，這個世界對你的要求也就更多。你除了服務自己組織裡的人，也要為組織之外、更廣大的社群服務。如果你被任命為校長，或是某間公司、機構的執行長，你還可能獲邀加入董事會、政府委員會、藍絲帶小組（Blue Ribbon Panel），又或者是其他形式的知名顧問團隊。即使是較低階的領導人，也可能獲邀至某個社群的基金會，擔任地方政府的顧問，或是加入當地非營利機構的董事會。領導人如承諾致力於服務，便很難拒絕這些邀約，特別是對方真的需要幫忙，或者這樣的請求來自為弱勢或國家利益服務的機構。

你如何決定接受哪些邀請、拒絕哪些請求？很遺憾，你必須學會對大多數的邀請說不。為什麼？首先，你要做的事情太多，根本分身乏術。此外，如果承擔過多工作，一心多用，會消磨你的才幹，導致難以透過長遠的角度，為自己身處的機構設想。我看過某些領導人，在華府或附屬組織擔任志工，卻過度投入其中，乃至無法好好領導自己的機構。這是個錯誤。當你投身服務任何外部組織前，要記得你的首要任務，是為自己的組織與相關人士服務。

不過，我不是建議縮減政府諮詢團隊，或非營利組織的工作。我的意思是，政府諮詢小組或非營利組織要做得好，必須先集合一群最好的諮詢委員。我曾在史丹佛負責招募董事會成員、召集委員會志工，知道這種角色的重要性及影響力。

然而，領導人必須為這樣的服務設限。在領導職涯的早期，你可能透過志願服務，投入有趣的學習環境，藉此彌補其他經驗的不足，符合此條件的邀約就值得考慮。根據我個人職涯的發展，我會用三階段的問題來過濾邀約：

這個機構與它提供的服務有多重要？

我的貢獻能否帶來影響力，他人是否可以輕而易舉提供相同的服務？

這個服務機會，是否有助於我的學習與成長？

不論你目前在職涯的哪個階段，許下承諾之前，請好好考慮下列這一點：

當一切風平浪靜，也許你一時覺得沒問題，認為自己可抽出時間為某個機構服務，但日後，可能因為自己的組織更需要你，而覺得難以抽身，後悔萬分當初做了承諾。此外，拒絕邀請時，我通常會說：「我今年沒辦法。」為未來的邀約留一條退路，但對方可能會問：「明年或是後年呢？」這帶出了新的難題，因為你根本無法事先預測，一、兩年後自己是否有時間。如果你答應了，到時候可能會後悔。要履行那樣的承諾，你對自己機構的服務也許就得打個折扣。反之，如果違反承諾，你可能會被批評是個沒有誠信的人。因此，在別人一開始對你提出邀請時，請先設想下個月的情況，然後問自己：「到了下個月，我還會想要接受邀請嗎？」如果你的答案是肯定的，就好好把握機會。如果你的答案是否定的，最好現在就誠實以對、把話說清楚，謝絕對方的邀約。現在說實話總比將來陷入兩難要來得好。

機構的公眾服務是使命的一環

個人服務只是僕人式領導人的部分角色。企業、非營利機構、政府機關和大學的領導人，也得為自己的組織，提供各種外部服務計畫，服務更廣大的世界，藉此達成組織的核心任務。②

舉例來說，企業透過提供有用的產品來服務顧客，甚至可能改善他們的生活。除了產品，企業也可能推出附加於產品上的服務，而且這種服務通常具有社會價值，但動機不是為了營利。此外，企業也可能基於社會責任，推動社區服務計畫，例如幫助在地的居民。

非營利組織由於自身使命和定位，受到比企業更多要求，約束他們應該致力於公益服務。政府機構同樣必須為人民服務，因而也受到相同的約束。

大學是開拓知識疆界的殿堂，來自大學的新發現和創新發明，能改善我們的生活品質，強化社會功能。大學是透過教育學生，滿足學生及學生未來雇主的需求。此外，大學也會提出計畫，將自身資源提供給周遭社區所需。

「大學屬於公共服務」這個概念，深植於史丹佛大學的歷史。在這個世界上，大多數的人都不知道，史丹佛大學的全名是「小李蘭．史丹佛大學」（Leland Stanford Jr. University）。不是為了紀念曾擔任州長與參議員的鐵路大亨老李蘭．史丹佛，而是以他未滿十六歲英年早逝的兒子命名。他和妻子珍因失去獨子悲慟逾恆，決定捐出自己的土地與財產，以愛子的名義建立一所大學。他們辦學的意圖影響深遠：「加州的孩子就是我們的孩子。」

史丹佛夫人在一八九一年學校開幕那天，準備上台演講，就跟我擔任校長十六年內做的一樣。結果，她因為過於傷感，無法上台，但她在講稿中寫道：

「我希望你們能過著真誠的生活，而非汲汲營營於追逐名利。在工作崗位上，你們要兢兢業業，不吝對人伸出援手，對人友好，為失意者加油，永遠遵循恕道、推己及人。」

很遺憾，史丹佛大學創立不到兩年，老李蘭‧史丹佛就與世長辭，學校頓時陷入財務危機。史丹佛夫人做出極大的犧牲奉獻，幾乎把所有年金都捐出來，自己縮衣節食，才帶領學校度過經營困頓的十多年。一九〇四年，她卸下董事的職務，把大學交給創校後第一個獨立的董事會時，發表了這樣的感言：

「這些年來，我的腦海裡一直出現這一幕：一百年後，目前所有的考驗已被遺忘，現在活躍的政黨也消失了，物換星移，但這所大學依然屹立。我看到孩子的孩子的孩子，從東方、西方、南方、北方來到這裡。」

最後一句，我一直銘記在心，歷任校長和我的繼任者也是如此。我們已有立校文獻、信託契約、所有校長對大學目標的聲明，以及創校人對這所大學寄予的厚望：代表全人類以及文明促進公共福祉、發揮影響力。這鞏固了「大學是公共服務」的概念，確立校長的責任在於為學校服務，而學校則是為了促進公共利益而存在。

不管領導人帶領的是大學、公司、非營利組織或是政府機構，課題都是一樣的：領導人如何看待公共服務的角色？領導人該支持哪些計畫？在我擔任校長任內，史丹佛大學推動或擴展的計畫，就是我對前述問題的答案。特別是我們在當地推動的三項計畫，都是為了幫助當地弱勢民眾：史丹佛特許學校（Stanford Charter School）、社區法律扶助會（Community Law Clinic），以及命名自史丹佛大學代表色的樞機紅免費診所（Cardinal Free Clinics）。

史丹佛教育學院從九〇年代開始，推動史丹佛特許學校計畫，這所特許學校開幕時，是我就任校長的第一年，校址位在經濟困頓的東帕羅奧圖市（East Palo Alto）。那裡本來有唯一的一所公立高中，但在二十五年前，拜「反隔離政策」之賜而關閉了。該市來自中低收入家庭的學生，在兩所地區高中苦苦掙扎，學習成效很差，畢業率很低，能上大學的學生更是寥寥無幾。史丹佛特許學校的目標，是要創造一個優良的教育環境，由大學浥注最新思想，讓學生獲得重要的指導和支持。結果，我們成功了！畢業率上升近三分之一，大學升學率增加超過一倍。在我任期最後幾年，我們決定擴大學校規模，增收更低年級的學生，提供幼稚園到高中的課程，最終以建立完整的K12學校為目標。

雖然外界曾存疑，史丹佛是否有能力擴展學校，並且經營規模增加後的教育機構，但我們教育學院的老師，和當地的慈善團體，抱持的熱忱不容小覷。因此，我們經過各種評估之後，決定繼續執行。特許學校開幕時，孩子和家長都很愛這所學校，學生不但能得到熱血年輕教師的指導，學校還額外提供課後輔導和升學諮詢服務。這所學校的發展與學生的蛻變教人感動，你可以聽到學生說，他們來自貧困家庭，剛入學時常常不及格，但是現在對自己接受的教育感到驕傲，有信心可以考上大學。

然而，我們還是碰到一個大問題。創辦學校並非只是研究計畫，或是業餘愛好，而是真實的事業、複雜的任務。經營學校需要專業知識，才有辦法聘請校長和老師、管理財務，以及維護學校硬體設備。推動這項計畫的幾位教授，並不具備這樣的專業能力；況且，沒有人願意犧牲自己的研究或教學生涯，治理這所學校。特別是在經營事業的實務領域，大家的經驗都不足。學校規模擴大當初，有些團隊成員很早就預言，這將是一大挑戰；如今，他們的預言一一實現。

最後，史丹佛大學不得不把特許學校，交給專業的特許教育經營團隊。我們創立這所學校的初衷，是為了創新教學方式，與提供升學諮詢服務，這也是本校教育學院任務的自然延伸，但是經營這所學校產生的困境，並不是我們想要的。目前，史丹佛的教育研究所仍繼續提供意見，例如在教學上的創新做法，因為這是學院使命的延伸，但經營學校的日常實務工作，我們還是得交給別人來做。

相形之下，我們在東帕羅奧圖設立的社區法律扶助會，不但是法學院使命的延伸，也可永續經營。這個機構提供社區居民免費法律諮詢，還能幫忙打官司。法學院的學生也可透過這樣的服務，獲得寶貴的經驗。本校在各地設立的法律諮詢機構，都由教師監督、法學院學生擔任工作人員，在東帕羅奧圖的社區法律扶助會也不例外。對法學院來說，這些行政管理事務並不費事，經費來源也不會造成負擔。

另一方面，為門羅帕克（Menlo Park）和聖荷西（San Jose）當地民眾，提供免費醫療服務的樞機紅免費診所，營運模式則介於特許學校和社區法律扶助會之間。這間診所的工作人員以醫學生為主，此外還有志願服務的醫師和學生，此外，也招募護理及行政人員。這項計畫的經費來自史丹佛醫學院、其他醫院和捐贈者，但所需的資金和人員，比起特許學校少很多，因此，它依然是最佳管道，可以一方面提供服務，另一方面，在不造成負面影響的情況下，落實醫學院的核心使命。

前述三項計畫，一開始都只是實驗，其中兩項還很成功，持續展現活力，但服務計畫不一定總是諸凡順遂。如果計畫愈是偏離機構的核心使命，愈不可能實現長期成功。如果計畫行不通，最好面對問題，尋找可行的退場策略，盡量減少對當地的傷害。幸好，我們找到了替代方案，讓特許學校得以蓬勃發展。

不管你領導的是何種組織，創造力與承諾能幫助組織想出，得以延伸核心使命、服務鄰近社區的計畫。

培養服務心態

史丹佛夫人留下的訊息中，最重要的一點就是，她未曾真正定義所謂的「孩子」。這是個明智的決定，因為史丹佛已經從地區性的大學，發展為全球頂尖教育機構，「孩子」一詞涵蓋的範圍，也相對擴大了。所有的機構，不論公司、非營利組織或是政府，都必須致力於培育下一代的領導人。如果我們希望下一代領導人，將僕人式領導視為最佳途徑，就必須思考如何培養服務心態。

在史丹佛，我們從自己的學生開始，把目標放在讓所有的學生都具備領導力，且樂於為人服務。不過，很多大學部學生，在高中時期已有社區服務經驗，我們該如何更進一步提升學生的能力，鼓勵他們貢獻一己之力，給他們機會，在公共領域和非營利組織服務？

早在一九八〇年代，史丹佛就有大規模、正式的服務學習計畫。那時的校長唐恩・甘迺迪（Don Kennedy）和慈善家夫婦彼得與咪咪・哈斯（Peter Hass and Mimi Haas）都大力支持這個計畫，還提供建議與善款。甘迺迪校長創立的哈斯公共服務中心（Haas Center for Public Service），是全球第一個致力於服務學習的大學中心。幾年前，為了慶祝中心創立二十五週年，同事集思廣益，設想我們的公共服務教育和服務機會，如何才能更上一層樓。政府、社區以及非營利機構，都對領導的需求日甚一日，但學生對於培養領導力似乎興趣缺缺。我們是否能找到一種新方法，給學生機會，讓他們深入參與服務？

在思考的過程中，賴瑞・戴蒙德教授（Larry Diamond）大力提倡史丹佛學季服務計畫（Cardinal Quarter），鼓勵學生離開學校一個學季，投入廣大的世界，學習服務他人。學生可以選擇到任何地方，例如待在當地、前往大城市或華盛頓特區，甚至到訪開發中國家，學校則會提供一點生活津貼。這個計畫初次提出時，我不知道學生是否會有興趣，他們會願意放棄一個學季，投入社會服務嗎？為了知道答案，戴蒙德教授提出一個小型的先導計畫，我同意撥款資助。結果，申請人數為預定名額的兩倍，後續獲贈的善款也同樣踴躍，因此計畫得以快速發展。至今，我和太太仍以個人身分贊助這項計畫。我們希望有一天，校友講述參與這項計畫的經驗時，就像他們說到新鮮人宿舍，或到國外留學那樣興高采烈。

還有一項計畫，是差不多同時展開的，也就是「史丹佛開發中經濟體創新研究院」（Stanford Institute for Innovation in Developing Economies），簡稱種子計畫（SEED）。這項計畫源於我們的商學院，由校友鮑伯・金恩（Bob King）和太太朵蒂・金恩（Dottie King）大力襄助，他們非常關心世界上最窮困的人群。種子計畫旨在開發中經濟體設立機構，培養領導人解決實際問題，並且藉由擴展商業和就業機會，刺激經濟發展，終結全球貧窮的循環。我們投入的專業知識，是史丹佛培育創業精神的精髓，希望藉此服務全球有需要的人群。最新的種子計畫設立於二〇一七年，據點在印度與南非，同時結合肯亞與迦納現有的計畫。

一般人總認為，商學院菁英並不關心社會上最貧窮的人。然而，種子計畫吸引了很多史丹佛大學部和商學院的學生。他們耐心排隊等候實習機會，希望與嶄露頭角的創業家合作，幫助開發中國家的小型企業。這項計畫已有不少斬獲，一位女學生善用工程訓練背景，幫助提煉植物油的非洲工廠，解決了重要的問題。她發揮自身長才，讓企業得以化險為夷，我們也都學到一課：地球其實比我們想的還要小。

這種服務形態是最基本、也最強大的。如果你在自己的組織中鼓勵、支持這種服務心態，善意就能從組織內不斷向外延伸。

認可別人的服務

身為領導人，你的心思通常放在重大、野心勃勃的計畫上，因此很容易忽略周遭的個人服務行為。或許那些服務沒什麼了不起，但不見得就不重要。眾人歌功頌德的成功，往往就建構在這些服務上。

在史丹佛，為了表揚師生的成就，我們會舉辦很多典禮，例如諾貝爾獎、奧運獎章、全美大學體育協會冠軍、重要的獎學金，以及畢業典禮等。得獎者上台，大家為他們歡呼、道賀。然而，在這些成功者的背後，還有很多人默默為他們的成就貢獻一己之力，這群人包括教練、系主任、研究助理、教職員和工作人員等。他們對自己的奉獻低調萬分，有時得獎者會拍他們的背，以示肯定，或是最多也只在致辭中唱名致謝。不過，他們從來別無所求。這就是真正的服務。

身為領導人，特別是僕人式的領導人，我認為自己對所有「提供服務的人」抱持特別的責任。所以，我常出席史丹佛的年度艾美．布魯獎（Amy Blue Award），親自表揚、恭賀得獎人。這項獎項是為了紀念已故副校長愛美．布魯，並且藉此表彰工作人員的貢獻與服務。被提名者都是基層工作人員，由同事舉薦，因此教授、院長或副校長等，不在提名之列。同事會在推薦函內，具體描述被提名者的事蹟，例如：「此人活力充沛，總是為我們的辦公室帶來歡樂，而且隨時願意伸出援手。」有位得獎人在宿舍工作了數十年，負責清掃玄關和學生的房間，臉上總是掛著微笑。另一位被提名者則是技工，已經在學校工作了一輩子，為每一個需要幫助的人服務。還有一位工作人員，原本在食品工廠的生產線工作，現在負責管理校園的主要餐廳之一。大多數的人都在學校工作了二十年，或者更久，也為師生的成就感到驕傲。

每次舉行艾美．布魯獎頒獎典禮，我幾乎都會參加，並且親手頒獎、與得獎人握手致意。得獎人的家人及同事，通常也都在場陪伴、共享榮耀。為什麼我如此重視這個獎項？很簡單：我想要告訴得獎人，他們的工作，也就是他們的服務，對整所大學的運作非常重要，他們都是史丹佛大學成功的推手。我出席典禮還有一個不為人知的原因：提醒自己誰才是我真正服務的對象。能領導他們、為他們服務，就是我最大的榮幸。

第 4 章

同理心：塑造領導人和機構的要素

要真正了解一個人，得從對方的觀點來看……鑽進他的皮膚，在他的體內遊走。

——出自哈波・李（Harper Lee）的小說《梅岡城故事》（*To Kill a Mockingbird*）

九〇年代初期，我還沒擔任重要的管理職務時，曾輔導過一位非常優秀的史丹佛大一新生。這位女學生來自移工家庭，家裡務農。她就讀高中時，每三到六個月就得舉家遷居，冬天搬到南加州，翌年秋天則北上，轉往華盛頓採收蘋果。儘管生活面臨許多挑戰，她的學業成績依然優異，考上史丹佛大學那年，史丹佛的錄取率不到二〇%。她的決心與毅力讓我敬佩不已。

不過，她的父母顯然負擔不起她的大學學費，幸好，她申請到全額獎學金以及免費膳宿，最後取得工程學位，順利畢業。我想，史丹佛夫人如果還在，必然會為她鼓掌，我則一直忘不了她的故事，進而不斷思索新生篩選標準。我認為在篩選學生時，學校要考慮的不只是成績和考試分數，申請者的人生歷程也很重要。如同前文提到的女學生，她既然已錄取史丹佛大學，學費和家境都不該阻礙她的求學之路。

因此，我和教務長都樂於提供學生助學金。我們在史丹佛服務的十六年中，已設法增加大學部學生的助學金，金額達八億美元，幾乎是二〇〇〇年的五倍。我們會這麼做，關鍵在於同理心。正如下一章所述，即使我們面臨本世紀最嚴重的金融危機，依然不願縮減學生的助學金。

很多領導人認為，決策時應該把同理心排除在外，不只學術界的人士這麼想，商業界的更是，這讓我相當訝異。對他們來說，重大決策應該根據經驗事實、數據和冷靜的判斷來訂定。但我花了一輩子所了解到的恰好相反，經驗告訴我，做決策和設定目標時，同理心是不可或缺的因素。我們必須透過同理心，檢視行動是否適當，除了數據，我們還必須深入了解每一個人的情況，做出來的決定才能有益於所有人。

同理心無法用方程式計算，也沒辦法用事實驗證，因此，讓我這樣的工程師心生挫折。同樣的道理，任何一份文件，例如使命宣言，都無法為同理心「正名」。因為這項特質來自內心，是一種深刻的人性情感，而且獨具意義，一且遭到誤導，或是凌駕於理性之上，很可能帶來危險。有權、有勢的人特別要小心。運用同理心需要高超的技巧，免不了要透過嘗試錯誤，才能在感性與理性之間，找到最佳的平衡點。①

一般人總認為非營利機構，如大專院校，在經營上比企業來得更有同理心，畢竟企業以營利為主要目的，必須回報股東的投資。儘管如此，我發現以同理心來領導，不只適用於學術界，對任何領域都很重要。不管你領導的是什麼樣的公司，不管是對員工、顧客、當地社區居民或受災戶，都將發現無數的機會，可以用同理心採取行動。你的挑戰則是如何選擇、塑造機會，才會對自己和你的機構最有意義。

同理心的層面：個人行為及制度

你不能因為被某則故事感動，就大張旗鼓在機構中推動計畫。這樣可能會陷入理盲濫情。你不能想著一步登天，而是應該按部就班。當你心中冒出同理心的火花，促使你採取行動，你得先問自己：這個反應是出自你個人的需求，或者是整個機構必須的行動？

舉例來說，幾年前，世界某地區發生慘絕人寰的災難，本校一群學生開始為災民募款。我個人贊成這個募款行動，但是當學生提出要求，希望不管他們募到多少錢，學校也能捐出同等數目款項的時候，我沒同意。我想，我得利用這個機會，讓他們學到一課。校務基金大部分是來自慈善家的捐款，以及學生家長支付的學費。不管是捐款人或家長，都希望這筆基金能用於大學的核心使命，也就是教學與研究，而非災害救濟。因此，我告訴學生：「我不打算動用校務基金，但是願意自掏腰包，捐出這筆錢。」我希望如此行動能讓學生了解，我對校務基金以及資金來源的重視，也希望他們學到：同理心和慈善是個人行為。這件事無關我身為大學校長，不該任意使用學校的錢；真正重要的是，這是我個人的承諾與行動，與大學無關。

但是，我當校長期間，有些情況不但激發我的同理心，也讓我考慮是否就此推動學校執行。例如，我記得曾收到某位女學生的電子郵件。她剛錄取史丹佛師資培育計畫（Stanford Teacher Education Program，簡稱ＳＴＥＰ），只要完成為期十二個月的密集教育訓練課程，即可取得碩士學位和教師證書。我們希望藉由這項計畫，培養願意長期留在窮困地區服務的優秀教師。畢竟，這些地區的教師離職率高、常鬧教師荒。經由此計畫培訓出來的畢業生，大多都在這樣的環境下工作。他們教導的孩子多半來自貧困家庭，很多孩子的學習程度都落後了一、兩年。這些教師還得背負來自《不讓任何孩子落後法案》（No Child

Left Behind）的壓力，更不用說資源相當匱乏。

這位女學生在信上解釋，她來自芝加哥某個貧困的社區，希望受訓完成之後，回到家鄉服務。然而，史丹佛提供給她的助學金有限，要拿到這個碩士學位，她必然得申請貸款支付學費。除此之外，她還有大學學貸要償還，她實在不知道，即使畢業後當了老師，薪水是否能應付這麼多的貸款。

我設想她的處境：她即將為人師表，踏上一條教育之路。無疑，這條路很重要、具有社會價值。她也準備奉獻投入，即使這份工作充滿挑戰，而且眾所周知，社會的回饋與她的專業不成比例。如果學費高昂，讓她不得不放棄追尋這個重要的目標，該怎麼辦？面對這樣的狀況，校方必然要好好考慮，是否能從制度層面著手，提出解方。

教育學生、使他們得以服務社會，是大學的目標，於是我絞盡腦汁，思考該怎麼幫忙她，還有其他像她這樣的學生。後來，我發現教育學院的某位重要捐贈者，她的母親也當過老師，了解好老師有多麼重要。於是，我們一起設計出了一套計畫，是基於同理心與公平原則，而且能永續發展。身為校長，我有一筆可以自由支配的資金，加上那位捐贈者的善款，我們不但設立了獎學金，還訂定了貸款免除方案。如果師資培育計畫的畢業生，在窮困、資源匱乏的學區任教，史丹佛會免除學生的部分貸款；若任教超過四年，則能免除碩士課程全部的貸款。

這項計畫的出發點是同理心，而且設計理念皆出於理性，不只學生獲益良多，也增強了計畫的使命。史丹佛大學和捐款者，都致力為國家解決最大的問題，也就是如何提升教育品質，特別是在窮困地區。除此之外，這項計畫還點出一個問題。

長期以來，美國一流大學的學生，多半來自富裕家庭。低收入家庭的子女，總認為自己無法「高攀」這樣的學校。這些學校也一直都沒有好方法，能夠吸引清寒卻優秀的學生入學。我們很難幫這些學生搭橋，通向史丹佛，部分原因在於，他們就讀的學區往往資源不足，沒有課業輔導計畫，也留不住好老師。為這樣的地區培養師資，正是本校師資培育計畫的目標。如果你認為，大學的使命是提供一條路，讓人得以透過自身能力和努力，力爭上游。那麼，不管從現況或長遠目標來看，挹注資金到培育師資的貸款免除計畫，都是為了實踐大學的核心使命。

最後，因這項計畫受益的，不只是教育學院，其他學院也都得到好處，因為我們得到一個有價值的新觀點：研究所通常會優先補助博士生，但從教育和社會利益的角度來看，師資培育計畫舉足輕重，值得優先補助。更不用說，能幫助別人，真的是件令人爽快的事。

把同理心當成學習機會

我發覺同理心不只是一種情緒反應，也是學習機會。不管你是什麼機構的領導人，大專院校、非營利組織或是公司，不管在任何時候，都可能有很多人想要觸動你的同理心，請你幫忙。對領導人來說，決定何時回應及如何回應，總是個超級難題。你無法滿足所有人的要求，所以，你必須建立一套系統，執行情緒分類，幫助自己決定，該把精力和資源放在哪裡。

你可以透過這一系列的問題幫助思考：你的心導引你，讓你想這麼做嗎？你是否相信這麼做是對的？解決這個問題，是否與你所屬組織的使命相符？如果是，你的組織有沒有資源能夠提供協助？若答案為否，你能否把它當做是自己的事，以個人的名義解決？根據你或你的組織擁有的資源而言，即使這麼做將使其他計畫的資源受限，你想要投入多少？你是否能針對這樣的需求，設計出一套有影響力、能永續發展的行動方案？

這些問題可以幫助你，更深入了解自己的價值觀、同事及組織的影響範圍，以及影響社區內外人士的問題。經過前述分類程序，你也許會發現，可以做的事還真不少，但你卻只能選擇少數幾個。你還會發現，自己經常必須鼓起勇氣，對大多數的事情說不。這絕非易事，畢竟，培養強烈的同理心，並非為了拒絕別人的求助。此時，你最好用自己的腦袋好好思考，同時傾聽內心的聲音，在情理兼備的情況下擬定方針。

二〇一四年，比爾．蓋茲（Bill Gates）與妻子梅琳達雙雙換上學士服，在史丹佛畢業典禮上同台，合力完成了一場我所聽過最感人的演講。比爾．蓋茲是用數字和科技思考的人，正在想辦法解決全世界的公衛問題，例如利用GPS追蹤預防接種的成效，以確認每座村子的人都已接種疫苗。梅琳達則講述個人的經驗，例如參訪

蓋茲夫婦演講影片連結

印度醫院病房，握住一位罹患愛滋病、命在旦夕的女人的手。這對夫婦就是理性與感性的化身，影響力甚巨的慈善家。如果我們能整合自己的頭腦與心靈，也能在自身領域辦到同樣的事。

在同理心和公平之間，找到平衡點

幾乎每一家慈善組織，或是執行慈善舉措的機構，都會面臨「使命偏離」的問題。一開始，組織的行動綱領明確，知道要給誰、提供什麼協助。但是這些原則會漸漸瓦解，最後變成誰的故事最讓人同情，組織就會捐錢。

大學永遠都要面對使命偏離的問題，特別是提供大學部學生助學金的時候。在史丹佛，我們為來自不同家庭背景的學生服務。因此，制定助學金計畫時，我們希望創立一套系統，提供機會給不同背景的學生，同時公平評估，多少學生家庭必須自付學費。換言之，我們希望兼顧同理心與公平。

多年來，史丹佛大學篩選入學申請者時，不會考慮對方的經濟條件。也就是說，學生提出申請後，我們考慮的只是他們個人的成就，而非家庭財力。一旦學生錄取，我們會依據他們的家庭收入和資源，設法提供所需的經濟援助。儘管我們有慷慨的助學金計畫，還是沒能吸引清寒學生，他們往往是家中第一個，能上四年制大學的孩子。

入學服務處的工作人員，和這些學生談過之後，很快就知道問題出在哪裡了：私立大學學費往往高得令人卻步，加上他們就讀的學校沒有適當的升學輔導。卡洛琳．霍茲比教授（Caroline Hoxby）等人的研究指出，這個問題源於階級差異，將導致人才與資源「不匹配」（undermatching）。清寒學生通常不知道，很多一流大學願意提供助學金，因此往往認為像史丹佛這樣的名校高不可攀。

為了解決這個問題，我和教務長與入學服務處合作，提出一項計畫，讓來自低收入家庭的學生，可獲得學費全部豁免，有的連食宿費也可全免。我們希望傳達出強大的訊息，打破清寒學生和史丹佛之間的藩籬，最有效的就是告訴大家：「零元也可以就讀史丹佛。」

於是我們宣布這則消息，公告家庭年收入少於十萬美元的學生，可豁免學費，若低於六萬美元，甚至可免繳食宿費。有一些人（主要是校友），對此抱持懷疑的態度批評：「我不覺得這是個好主意，豈不是提供白吃的午餐？接受教育本來就應該付費。」幸好，我們早已想到這個問題。其實，學生不是平白接受豁免。能豁免學費的學生，每學年、每週都得在校服務十小時，暑假則是每週二十個小時。我們釋出這些細節後，疑慮便冰解凍釋，大家改口說道：「這樣很合理。」如果同理心與公平有牴觸，就會產生問題。一旦校友了解，得到學費豁免的學生有義務服務學校，即使這份義務不太沉重，也會認為計畫不失公允。

為求公平，這項新計畫還有一項條款是，家庭年收入超過十萬美元的學生，獲得的助學金將有所調整。我們的考量有兩點。首先，基於聯邦政府的計算公式，家庭年收入超過十萬美元的學生，每年必須繳交兩萬美元或者更多的學費，家長擔心這筆債務，最終會落在孩子頭上。其次則是公平的問題，如果家庭年收入為九萬九千美元，就可免除學費，我們如何要求年收入十萬零一千美元的家庭，每年支付一萬或二萬美元的學費？為了解決前述問題，我們不得不調整助學金實施辦法，如果家庭年收入介於十萬到十六萬美元，而且家中只有一名孩子上大學，便可獲得相當多的助學金。

一旦所有條款開誠布公，校友和教職員都可以了解，助學金計畫不但能給學生機會，也符合公平原則。讓我真正印象深刻的是，由此獲得最多好處的，並非校友的子女，而是非校友的孩子。因為我們的校友大抵是成功人士，家庭年收入高，因此不需要助學金。新的助學金計畫，不但能更進一步達成史丹佛的使命，也能激發校友的同理心。他們只希望看到學校秉持公平、理性的原則，不負他們的同理心。

與團隊同情共感

不管你是哪個領域的領導人，最理想的做法是，表現出你的同理心與公平，尤其是對自己的團隊，也就是你的直屬部屬。

一般而言，我的團隊可能因個人（通常是健康問題）或家庭因素，希望我能同理他們的情況。就這兩種情況而言，我總是抱持相同原則跟他們說：「你的健康和家庭最重要，其次才是史丹佛。先處理好私事，剩下的我們會處理。」有時，這樣的原則可能導致生產力暫時下降，需要其他團隊成員挺身而出、填補空缺，但就長期而言，在我任職校長這十六年間，我未曾後悔自己的決定。

然而，我的第二項原則，引發了一點遺憾。我認為同事都是負責任、有能力的成人，因此授權他們自由安排時間，決定何時進辦公室、何時不來，我只在乎他們是否做好份內的工作。不幸，有少數人濫用這樣的政策，不但自己的工作沒做好，甚至連累了團隊。這時，我同樣會以同理心來設想，告訴他們，人非聖賢，孰能無過，第一次犯錯，我可以原諒，然而一犯再犯，我會秉持公平原則，絕不濫用同理心。

對大學來說，如果某個人沒把工作做好，要學校為他彌補實在不公平。要其他團隊成員代勞，同樣不公平。如果每位團隊成員貢獻不均，有人做得多，有人做得少，對團隊士氣會造成傷害。

在這種情況之下，我必須告訴那個害群之馬：「你不是我們需要的團隊成員，要是不收拾好自己的爛攤子，就考慮另謀高就吧。」遺憾的是，有時我拖太久才表明立場。板起臉孔說狠話並不容易，特別是對方並非一無可取，也有表現出色的時候。然而，為了顧及公平，我必須這麼做。不過，我還是會試著用同理心，把醜話說清楚。

在某種情況下，開除團隊成員對我來說並不難。如果對方做得太過份，故意傷害他人或是學校，在我看來，那人等於是開除了自己。在這種罕見的情況下，我仍會發揮同理心，只不過我關心的是受害者、團隊和學校，而不是犯錯的那個人。

兼具洞察力的同理心

我想，我們的同理心即將受到嚴重挑戰。人工智慧與機器學習的興起，將顛覆就業市場。這種轉變會影響許多種類型的工作：機器人和自駕車將取代勞工和司機；電腦程式可用於醫學診斷、開立醫囑，將取代放射科或其他科別的醫師；人工智慧系統可使法律及辦公室工作自動化，取代法律助理和行政助理。我想，這樣的變化至少會和工業革命的影響一樣深遠，甚至變化的步調可能愈來愈快。畢竟，軟體比起大規模的工業化，擴展性來得更大。我相信因為同理心，我們不得不正視這些衝擊。

社會上手握權威的人，都必須敏於察覺即將發生的事。大學需要思索，社會受到影響後的結果。參與這場革命的公司，也必須幫助社會適應這種變化。

我們也許會看到愈來愈多的人，面臨長期失業或低度就業。我們現在必須設身處地為這些人著想，因為他們可能是我們的鄰居或同事。我們得了解，科技徹底創新導致就業市場變動，可能造成短期失業，但這並不代表受影響的人沒有工作能力。我們必須腦力激盪，找出以前根本不存在的職業，或是不管電腦再怎麼聰明，依然無法取代的那些工作。我們需要更多老師，而且由於社會邁向高齡化，也需要更多人去照顧老年人，換言之，這些工作蘊含人性因素，無法簡化為電腦演算法。

身為領導人和教育者，我們得立即為這點做準備。教育必須包括同理心的教導，人性因素、情感連結和關愛，這些都是人類能做到，但機器人和應用程式做不到的。

培養未來領導人的同理心

為了幫世界培育未來的領導人，正如奈特－漢尼斯學者獎學金計畫的宗旨，我們認為幫助下一代領導人培養同理心，不只非常重要，還相當關鍵。如何讓他人具備同理心？這個問題讓我想起，有一次我去參觀露西帕克兒童醫院（Lucille Packard Children's Hospital），看著那些罹患先天性疾病或癌症的孩子，不禁想到我兒子。他曾在三歲那年得了重病，醫師說他可能永遠無法復原。因此，我多少知道病童的家屬有多難受，我個人的經驗加深了我對他們的同理心。

我在新生兒加護病房裡，看著早產兒以及罹患先天性疾病的嬰兒，接受照顧和治療，同理心油然而生，超乎過去經驗。有一對雙胞胎是早產兒，身軀只有成人的手掌大小。有些人質疑，這些體型迷你的早產兒預後情況不明，投入那麼多時間、金錢和資源救他們是否值得？對這些人而言，寶寶的生命不過是個假設，我和寶寶的母親看到的則完全不同。儘管寶寶躺在塑膠保溫箱中，身上纏繞著管線、連接會發出嗶嗶聲的監視器，做母親的還是盡最大的努力，把母愛傾注到寶寶身上。我當時就知道，救治這些嬰兒是對的。

我們希望下一代的領導人，也能有這樣的經驗，能感受到同理心，而且衷心渴望做對的事。同理心通常代表同情，或許也包括行善，但我們希望看到的不只如此。我們想看到的同理心是，透過與人互動而使人改變，以及透過別人的眼睛，用全新的眼光來看世界。我們篩選獎學金計畫候選人時，會注意他們是否具備這項特質，也會在指導的期間特別加強這點。

能訓練同理心的狀況，有時是偶然出現的，例如，當獲得獎學金的學生，分享各自的生命歷程時。有時則來自與人互動，特別是對方有所匱乏時。記得有一次，我去參訪史丹佛特許學校，有位學生告訴我，他面臨的最大挑戰之一，就是確保妹妹有牛奶可以喝。他來上學，最重要的一件事，就是把免費營養午餐發的那一盒牛奶，帶回家給妹妹喝。他改變了我的觀點，堅定我助人的決心。

我們希望獲得獎學金的學生，可以聽到這些故事，了解到這樣的事正發生在美國，而且就在全世界最富裕的社區，矽谷。我們希望學生了解到，如果這些事發生在這裡，就可能發生在任何一個地方。只要學生不只用腦袋理解，而是感同身受他人的苦痛，在畢業之後，就會有心促成改變，減輕人們遭受的痛苦。

莎拉・約瑟芬・貝克醫師（Sara Josephine Baker）就展現了崇高的同理心。[2]二十世紀初，她是紐約市兒童衛生部門的主任，該部門是她設立的，曾解救成千上萬名孩童的性命。翻開她的自傳，文章起頭的一則軼事暗示著，早在她成為醫師之前，就富有同理心，而且會真正付諸行動。貝克醫師生於富裕的家庭，還是個小女孩時曾目睹，一名衣衫襤褸的黑人小女孩走在街上。她在震驚之下，隨即展開行動，脫下身上衣物送給那個女孩。看到這裡，你不由得心想：「這個小女孩長大之後，必然大有可為。」日後，她果然成了美國公共衛生學先驅，對紐約的移民社群貢獻良多。她最重要的遺澤是，不遺餘力拯救貧窮家庭的嬰幼兒。我們正希望未來的領導人，能有這種同理心。

參觀貧困地區的醫院、學校，或是遊民收容所是一回事，對那裡遇見的人完全敞開心扉，讓親身體驗改變自己，則是另外一回事。我們希望學生有深刻的體驗，能在同理心的導引之下往前走，成為改變世界的領導人。

第 5 章

勇氣：為了機構和社群挺身而出

比起害怕做錯事，敢做對的事需要更多的勇氣。

——林肯總統

謙卑、真誠、同理心以及服務的心，這些特質造就了領導人的願景，因此得以擬定正確的行動方針。而勇氣則驅使領導人，採取正確的行動。儘管大多數的人都能明辨是非，但要藉此採取行動則困難得多。能用勇氣付諸行動的領導人，才能使組織脫胎換骨，正確朝著有重要意義、永續的方向發展。

一般人常把勇氣和勇敢混為一談。當然，勇氣和勇敢是有關連的，勇敢的行為來自心中的勇氣，而勇氣常透過勇敢的行為表現出來。

在我看來，勇氣是持續不斷的，這項特質是果斷和道德方向的基石。相形之下，勇敢則是經由事件激發出來的，願意在某個必須的時刻，承擔極大的風險。例如，在二次大戰諾曼第登陸的Ｄ日（D-Day），一名士兵襲擊了奧馬哈海灘的碉堡，這就是難以置信的勇敢。然而，那位士兵後來身負重傷，就必須靠勇氣面對痛苦、失能的餘生，並且重新塑造自己的人生。

多數身處學術界和商業界的人，偶爾需要勇敢，但勇氣則是另一回事。我們性格當中的勇氣，會經歷大大小小的考驗。身為領導人，你也許需要運用個人勇氣，應對組織外部的事件，如天災或是國難。或許你也需要善用勇氣，處理內部事件、承擔必要的風險、改變立場、承認錯誤，或是從失敗中爬起來。

我們每個人的性格都含有勇氣，只是有多寡之分。我認為，願意運用多少勇氣，取決於過去活動、訓練它的經驗次數有多少。有勇氣的人也和一般人一樣會害怕，不過他們知道，採取正確的行動時，如何與恐懼共處。每一個上了年紀的人都知道，學習曲線很長，不時會出現讓人提心吊擔的時候，然而如果以勇氣來行動，學習過程就會變得比較容易。

回想我人生軌跡上的幾個關鍵事件，諸如美普思裁員、就任史丹佛校長後人生第一場公開演說、九一一恐攻事件與二〇〇八年金融風暴，這些經驗告訴我，身為領導人要比其他人更有勇氣。其實，領導人也具有某些優勢，可以鞏固自己的勇氣。而支撐著我的勇氣的，是四項中心思想。

牢記核心使命

很多領導人面臨真正的挑戰時，常會把它當作自己的事，想要悄悄私下解決。就我的經驗來說，這種做法通常無法解決問題。而且，你可能變得不知所措、感情用事，無法客觀關照大局。

我發覺，碰到困難時最好記住，這不是自己一個人的事，而是關係到組織領導人這個角色。在我的背後支持我的，包括具備整套哲學和價值觀的機構、歷史和前例，以及一支盡忠職守的團隊。面臨令人憂慮的情況時，最重要的是，依循機構的核心使命與價值觀行事，這就如同在你的脊柱加入支撐的鋼骨。①

二〇〇八年金融風暴發生之後，當我們必須執行一項頗有爭議的決策時，遵循史丹佛核心使命行事的做法，成了相當有力的後盾。和我同甘共苦的是教務長艾奇曼迪，他主管全校學術發展與預算，也是我的左右手。我們仔細研究，不知道應該大刀闊斧砍掉主要預算，或是在接下來的十年內，慢慢忍受痛苦、減去數千筆支出？

很多同事勸我們，不要大幅削減主要那幾筆預算，而是減少花費捐款。然而，截至二〇〇九年春天，捐款金額蒸發了將近五十億美元，超過原來的四分之一。眼見損失金額龐大，我們知道預算非砍不可。但是，我們懷疑逐漸縮減預算能否解決問題，更別提未來七年到十年，每年都得削減預算，感覺就像凌遲般痛苦。

我們猜想，經濟復甦的腳步會很慢，因此選擇一次大幅削減預算。儘管這是深思熟慮的結果，如此決定還是很冒險。如果經濟很快就回春了呢？我們可能受到指責，下的決策過於武斷。畢竟，隨之而來的裁員、凍薪、停止師資招募，將導致人才流失，讓我們的大學失去競爭力。

一旦我們決定承擔這個風險，下個階段的挑戰就來了。我們必須決定，要讓哪些人承受裁員的負擔。在這種經濟情況之下，被裁員的人恐怕很難找到工作機會。起初，我們考慮要求各單位縮減均等人員，以減少部分預算。但在執行前，我們深思熟慮學校的核心使命，有沒有任何領域，無論如何都不該縮減預算？

對一所大學來說，最重要的是什麼？答案是：學生和老師。因此，我們決定不裁減師資，不過我們已實行凍薪，以免學校聲譽受到重創，或是讓近十年在人才招募方面的努力前功盡棄。此外，為了顧及核心使命，我們也不能縮減給學生的助學金。無論如何，我們必須想別的辦法因應這個危機。

二〇〇八年初，由於景氣循環週期攀頂，我們宣布大幅增加助學金，增幅為史丹佛創校以來之最。凡是家庭年收入低於十萬美元的學生，都能豁免學費，詳情可參見第四章〈同理心〉。為了實現這項承諾，經常性年度開支必須額外削減二千萬美元。而且，情況比我們料想的還要糟，經濟衰退使許多家庭收入減少，難以負擔學費，需要申請助學金的學生更多了，每年我們必須多籌措五百萬美元，這形成長達五年的陰影效應。

我們所下的決策，迫使行政人員接受裁員的衝擊，同時卻繼續提供助學金給學生，這實在是個痛苦的決定。遭到裁員的多數員工，已經在史丹佛服務多年，卻面臨遭到裁員的命運；然而，學生依然可以領取獎助學金，其中還包括尚未入學的新鮮人。讓我驚訝的是，沒有人反對這項決策，這反映出本校人員的奉獻精神和價值觀。

既然木已成舟，我們就得好好溝通，讓大家了解情況有多嚴重，才不得不採取行動。我們所認知的領導，就是帶頭行動、以身作則，因此我和教務長自請減薪一〇％，也請求各學院院長和副校長自願減薪五％。與整體財務狀況相比，儘管減薪省下來的只是杯水車薪，我們還是得以保住一些人的工作，也足以強調我們風雨同舟的事實。

現在回想起來，我可有任何遺憾？沒有，我了無遺憾，但仍無法忘記失去人才的代價，畢竟有數百人因此失去工作。雖然我們增加遣散費，也補強了退休金方案，盡可能以同理心為考量，還是失去了一些好員工，讓他們受苦。以學術界的標準來說，我們的行動算是非常迅速，至少可說是數一數二，這意味著學校得以早日復原，重新開始招募師資，甚至設法再次聘雇先前流失的優秀人才。裁員讓人痛苦，大家都不好受，但我們有大學的核心使命指導引路，相信這個方向是對的，便有勇氣持續前行。

社群需要你時，義無反顧挺身而出

美式足球比賽中，球員就像是力量的化身：碰撞頭盔、舉手擊掌、為勝利歡呼、為失敗咆哮。然而，賽前更衣室內，氣氛則截然不同。空氣凝結，瀰漫緊張和焦慮，團隊成員在腦中沙盤推演重要的戰術動作，準備在接下來的三個小時大展身手。我曾與一些很厲害的演員碰面，他們在舞台上收放自如，喜怒哀樂表現得淋漓盡致，私底下則低調含蓄、輕言細語。我也認識某些執行長，在員工和股東面前生龍活虎，其實本人相當害羞又內向。我要說的重點是，沒有人能隨時處於「備戰狀態」，但是身為領導人，你必須知道何時要站出來，發表文章或公開發言，為自己的社群發聲。這對你的角色非常重要，而且你要有勇氣才辦得到。

表面上看來，大多數的領導人，都能從容自在對人群說話，似乎總是知道該說什麼、怎麼說。其實，他們也得用勇氣應付這些場合，只是我們看不到而已。他們必須苦心努力，才能看起來毫不費力。這是怎麼做到的呢？如果領導人認為自己是為組織發聲，而不是述說一己之見，就能成為機構的化身，字字句句都充滿力量和自信。如果只是為自己說話，則無法如此。請記住，你的組織對你有足夠的信心，才會使你成為領導人，因此不管你有多害怕或緊張，依然可基於信心和責任，為組織喉舌。我記得自己曾在三個關鍵時刻，站出來為我的社群說話。經由這些經驗，我超越了自身能力的侷限，勇氣也得以增長。

二〇〇〇年，在我任職校長之初，史丹佛正在向聖塔克拉拉郡（Santa Clara County）申請土地規劃許可，學校才能利用土地，建立新的校園設施、好好運作。那時，矽谷正蓬勃發展，反對開發的聲浪愈來愈大。我們一提出十年緩步成長計畫（相較於科技產業的快速擴張，這項計畫的步調可說十分緩慢），隨即受到阻撓。申請許可的過程曠日費時，最後終於來到聖塔克拉拉聽證會那關，我的任務在於開場、敘述我們大學的計畫。在聽證會上，我有幾分鐘的時間，分享最新的研究方向、列舉教育計畫，並介紹計畫興建的設施，如何能讓更多社區民眾獲益。

講到一半，一位監察人打斷我，他說：「這些計畫固然不錯，但是史丹佛無異於大型土地開發商，利用發展一些有的沒有的案子賺大錢。」我愣住了，瞬間血壓飆升，非常想大發雷霆。但我代表我的社群，於是我保持鎮定回覆：「監察先生，大學是非營利組織。來自這些計畫的每一分錢，都將用於資助研究，或是提供學生獎助學金，沒有這筆錢，很多學生根本無法到史丹佛來求學。」語畢，全場響起如雷掌聲。我沒有因為受挫而迷失方向，我得鼓起勇氣、挺身而出，為學校的利益發聲。

幾個月後，在九一一事件的餘波中，我發現自己得對史丹佛社群說話，不是因為我想這樣做，而是我身為校長，必須這麼做。我是紐約人，出生地離世貿遺址只有幾英哩遠。我認識在那一帶生活或工作的人，也知道史丹佛社群中，有人失去至親和朋友。當史丹佛聚集各宗教團體領導人，一起在學校廣場舉行追悼會，我必須代表學校致辭。我了解必須把個人情緒放在一邊，上台說話，因為要發言的不是約翰．漢尼斯這個人，而是史丹佛大學校長。我的社群需要校長的安慰，這給了我勇氣。

當然，我首要關心紐約、賓州和華盛頓特區的受害人，但同時我也擔心，穆斯林學生和公民可能受到抵制。因此，我將發言重點聚焦，引用林肯總統第二次就職演說的內容：

「絕不心懷惡意，對所有人心存悲憫。神讓我們看到哪邊是正確的，我們就堅信那是正確的一邊。讓我們努力奮鬥，完成使命，使國家的傷口癒合，照顧那些肩負戰鬥任務的戰士，及其遺孀、孤兒，竭盡所能，謀求我國和列國之間公義與永久的和平。」

林肯之言歷久彌新。他在第二次就職演說提醒我們，報復是錯的，更不是勇敢的行動，我們應該以同情心為出發點，致力於和平。

四年後，我發現自己又不得不挺身而出，支持我的社群成員。此事源於某所頂尖大學校長，公開表示男女天生有別，因此女性很難在科學和科技領域有傑出的表現。他會這麼說，主要是想探索男女天生的差異，以及這種差異對社會的影響。可惜，他說的話被誤解，甚至被有心人士用來攻擊女性，主張女性在數學和科學的能力不如男性。其實，類似事件依然在今日重演，某些領導人的評論遭到斷章取義，淪為種族主義者、恐伊斯蘭者和反猶太團體的造勢工具。

不只是本校女同事，全國大學的女性教職員，都對這次風波大為憤慨。我和幾位知識淵博的研究人員討論之後，了解到不論明示或暗示的偏見，都是重大的議題，將不利於女性在科學與科技的發展。因此，我必須支持我的同事和同業，提出不同的觀點。在學術界，同為校長，我們很少批評另一位校長，即使間接批評也很罕見。但我認為挺身而出是正確的，因此決定與麻省理工學院

（MIT）蘇珊・哈克菲德校長（Susan Hockfield），以及普林斯頓大學（Princeton University）雪莉・提格曼校長（Shirley Tilghman）聯合撰文澄清，增加女性在這些領域的地位，不僅符合公平原則，也對國家很重要。十多年後，這樣的鬥爭仍未止息。二〇一七年，知名的「Google備忘錄」（Google memo）中，同樣充滿了生理與後天能力的歧見。儘管我們發表的文章有正面效果，仍有數百封電子郵件證明，這場辯論還沒結束。

有時你必須代為傳達機構的聲音，但辯才無礙不一定能使你獲得滿堂彩。我曾多次表示支持《夢想法案》（Dream Act），希望移民法有所改變，讓非法移民的兒童，得以獲得永久居留權。許多像這樣的「夢想者」就讀史丹佛等大學，我們認為他們值得擁有權利，在這個國家發展未來。可惜，我和眾多同事沒能說服夠多的政治家，讓兩大黨支持這項法案。因此，勇氣也意謂著，即使沒能成功，也願意嘗試，並且不斷嘗試。想要創造長遠的社會變革，需要鍥而不捨的努力，甚至可能需要好幾代人的奉獻。即使你在有生之年，看不到努力開花結果，也可以在自身行動中看到勇氣，因為你正在努力改變人們的生活，使他們過得更好。

如果你能放下自我，為機構或社群的需求喉舌，即使上台時雙手或許會顫抖，但一開口，恐懼就會漸漸消散。我就曾親身經歷過這種驚人的轉變：短短一分鐘前，我還不確定自己的職責；這一秒卻突然茅塞頓開，知道該怎麼做。不過這並不表示，你不需要事先準備，大刀闊斧修改講稿，讓你要說的話更簡短、精確、清晰，接著孜孜不倦練習。但是，你也得有時間才行，畢竟危機都是說來就來。林肯總統不知花費了多少工夫，才搞定那二七二字的〈蓋茲堡演說〉（Gettysburg Address）。膝蓋外翻的馬克．吐溫（Mark Twain），透過不斷苦練，才能成為他那個時代最偉大的演說家。如果你首先把注意力放在觀眾身上，就可以相信自己能堅持到底，而且勇氣必然會找到你。

有時勇氣意謂堅定立場

社群需要你出面表態時，有時你的挑戰在於，得找到最恰當的言詞；但與此相對的是，有時你會發現，群眾要求你說的話、採取的行動，違反組織的核心使命、對某些人不公平，或是可能帶來不良後果。在這種情況之下，你發言時會覺得壓力很大，但你依然必須找到勇氣，堅定立場。

我們面臨過最難纏的情況，或許是學生抗議行動。雖然學生有崇高的意圖，但常常不了解實情，或受到有心人士誤導、擺布。抗議事件在政治圈很常見，在企業界則比較罕見。處理抗議群眾的主要技巧是，利用安全人員區隔領導階層和抗議者，避免雙方接觸。但在大學內，抗議群眾通常是學生，無法運用隔離手段。領導人不得不和學生見面，也得忍受抗議者的叫囂、呼喊口號和謾罵，比方說，有人在海報上寫道我是矽谷最糟的老闆。其他抗議手段包括占領辦公室接待區，擺上貓砂便於排泄、絕食抗爭、在我們的大樓外搭起帳篷，有效擋住出入口，以及凌晨五點集結抗議群眾，與那些花錢請來的走路工，在我家門口呼喊口號、占領街道，甚至扔石頭打破窗戶。

這些抗議行動通常伴隨著一系列要求，想讓我們立即畫押同意。我得承認，有時我很想接受這些條件，讓事情趕快落幕。但是，這麼做可能侵害學校的利益，或使其他人受到傷害，也可能開啟糟糕的先例，導致後患無窮。因此，我們必須找到方法，聆聽學生的訴求，仔細思索正確的行動，一旦下了決定就堅持到底。下列幾個例子，可以說明我們面臨的各種挑戰。

我最初碰到的抗議行動，是學生在工會的指導下發起的，要求讓外包人員享有基本工資保障。抗議者的策略包括公眾示威，還有學生絕食抗議。他們要求校方全面實施的政策，在我們看來並不恰當，因為實行上有困難，或是難以持續實施。由學生發起絕食運動讓我擔心，我也很關心參與其中的學生。儘管我認為校方的做法是對的，但學生對抗議活動的狂熱，使我惴惴不安。

我們與一些員工見過面後，發現有兩項訴求的確有道理。一項涉及臨時工受到不公平的待遇，另一個則與我們的外包商有關，這家公司在勞資關係處理上有不良紀錄。最後，我們採取其中一項政策，一次解決這兩個問題，但其他關鍵議題，則堅決維持現況。我從這次的經驗中學到一點：不要認為大型組織的每一個部分，都能達到你預期的標準。後來，即使我們限制了政策的焦點，承包本校多家學生餐廳的公司之一，卻認為新政策將使他們賠本、難以繼續經營，於是解雇了所有的員工。最後，學生餐廳由本校的餐飲服務部接管，但由於工作人員薪資較以前高，供給學生的餐飲不得不漲價，不少學生又抱怨價格太貴。由此可見，你必須提防意想不到的後果。

其他示威與遊行，則是在雙方還沒協商前，就要求修改工會合約。這種抗議行動的目的在於，進入正式談判前迫使校方讓步。碰到這種狀況時，我們只需堅定立場，拒絕在正式談判程序之外，跟他們討價還價。

另一個比較複雜的事件，則是和我們學校的運動衫有關。學生抗議這些運動衫是在血汗工廠製造的，因此發動示威活動，甚至占領學校的一棟大樓。由於主要運動品牌產品，都是委託開發中國家的承包商製造，大學運動衫則是透過那些運動品牌，請承包商代工，而不是直接找承包商做的。所以，就算有些承包商有不良紀錄，我們也無法立即採取行動。對此，學生提出幾套解決方案，包括要求本校運動衫所有製造過程，都交由「模範工廠」處理。然而，他們提出的解方對於監督血汗工廠，並沒有幫助，畢竟九〇%的員工都在血汗工廠工作，而我們卻只監督模範工廠，這麼做只會使情況惡化，因此無法同意學生的要求；不過，我們同意聯合兩家代理公司，監督前述工廠的運作。

近年來，對各大專院校而言，最棘手的問題莫過於性侵事件。這類事件有三項挑戰：首先，在大多數的情況下，受害人和遭到指控的加害人都是學生；

其次，學校沒有足夠的能力，處理這種潛在的刑事案件，也無法起訴加害人；第三，我們有義務為受害人和被控者保密，這表示我們無法讓更廣大的社群，了解事件的全貌。由於這些限制，我們無法安撫抗議的學生，依照他們的要求，推翻大學司法委員會對性侵案的判決。

要推翻司法委員會的判決，則必須召開秘密聽證會，衡量所有的證據，依照少數知情者的意見，處置被指控的加害人，但這麼做並不公平。不幸的是，即使有一方揭露了部分訊息，我們也無法討論案件的機密細節，為我們的決定辯護。有時，媒體過度簡化報導，或是只報導片面、扭曲的調查結果與報告，於是鬧得滿城風雨。我們知道，指責學生或媒體都不會有結果，最多只能表示所有的事實尚未釐清，重申我們對被害人的關心與同情，堅定立場支持司法委員會，因為他們已費盡全力，仔細審慎處理案件。

不管學生抗議了什麼，他們仍是大學的核心，行動通常也是出於良善的動機，包括同情和正義。雖然他們對議題所知有限，挺身而出卻是為了真相或公平正義。因此，我知道我必須掌握事實，聆聽他們的觀點，了解現有政策的問題，以及如果根據要求改變政策，會產生什麼結果。一旦我們能看到事件的全貌，就可鼓起勇氣做出改變，或是堅守原有的立場。

不要害怕冒險

即使你沒碰過有人公開抗議、要求變革，也應該知道組織不能一成不變。新的挑戰將不斷出現，所謂的成功永遠都在演進。身為組織領導人，你也許認為自己的任務是維持現況，並且說服別人，最好的路徑就是最安全的路。你也許會著重保護組織的資產，畢竟你是最重要的保護者。你甚至可以說服自己，謹慎管理和對抗改變，也是一種勇氣。也許是吧，但這樣終究無法長久。

在快速變動的二十一世紀，過度謹慎的做法，很快就會被變革的巨輪翻轉。高績效的現代領導力，是在不斷變化的環境之下，由管理與發展組織的能力驅動的。這表示領導人不只需要啟動勇氣、承擔精心計算的風險，也需要學習駕馭隨著風險而來的循環。一旦失敗，必須快速、果斷爬起來；如果成功，則應該盡可能從中獲益。此外，即使冒險並非你的本性，為了組織的利益，你必須找到冒險的勇氣。身為領導人，你必須以身作則、為眾人表率。如果領導人抗拒冒險，將不利於組織創新，或是分享流通嶄新的想法。②

當然，冒險本身就是一種挑戰。魯莽的執行長可能領導公司，走向錯誤的方向。更常見的是，有些組織的利害關係者安於現狀、不希望看到改變，如經理人和主管。有些人則害怕失去已經得到的東西，如投資人和基層員工。還有一些人在深思熟慮之後，才反對新的行動方針，你永遠不可忽視這群人，因為他們可能是對的，或至少有些想法是正確的。

最後，是否要冒險，必須由身為領導人的你來決定。你也許可以透過審慎調查，增加成功的機率，或者讓組織的利害關係人了解，你的策略有何優點，藉此減少衝突或形成反彈。不管如何，最後的決定權仍在你手中。

如果你的決定，使組織得以成功，你該獎勵幫助你實現目標的團隊。反之，當你發覺自己把組織帶往錯誤的方向，則必須有勇氣承認事實、改變方針，以減少損失。萬一你已走了大半條路，要回頭則需要更大的勇氣。你或許會懷疑，我怎麼說得像是身臨其境，沒錯，這正是我的親身經驗。

二〇一一年夏季，紐約市為了創建「東部矽谷」，宣布將在羅斯福島（Roosevelt Island）建立一座園區，與海內外頂尖大學合作，使紐約成為科學、科技與創業的搖籃。與紐約市政府合作的大學，將獲得島上一塊空地，以及一億美元的投資金額，用以推動這項計畫。不過，這些資源多半將用於基礎建設。

紐約市邀請史丹佛大學投標時，我實在很心動。史丹佛的學術網絡不乏眾多小型設施，用於交流與研究計畫，卻沒有其他主要校區據點，因此無法延攬長期合作的教職員。紐約市的計畫，可以讓我們增加一個全新的校區，進行教學與研究，擴展本校的兩大核心使命。

哪裡還有其他優秀大學，能像我們這樣，在東西兩岸建立一流校園，提供全方位的服務？我知道執行這項計畫是一大冒險，但它對我來說也是啟發，是得以讓史丹佛在二十一世紀登上巔峰的好機會。曼哈頓是金融、藝術與通訊之都，而矽谷是科技的重鎮，這項計畫可結合世界兩大勢力。同時，這個園區能成為我們在東岸的基地，為我們的學生和教職員，帶來不可限量的機會，還能夠形成一塊強力磁鐵，吸引想要住在東岸、或是大都會的頂尖人才。

在下決策之前，我調查了史丹佛社群的意見，發現教職員和董事會這兩個重要的群眾，內部意見出現了分歧。董事會成員有人非常熱衷，有人則認為風險太大。畢竟我們才剛走出金融風暴的陰影，他們不願意這麼快就花大錢冒險。他們擔心，光是建設紐約校區，在第一階段預估將花費十億美元，之後還要再花二十億美元，開支直逼帕羅奧圖校區。我了解他們的憂慮，但不甚同意。我認為經濟情勢已經好轉，現在正是最佳時機，可以善用儲存已久的動能，讓史丹佛在二十一世紀登峰造極。我如此表達立場，而且堅定不移。

此外，有些董事會成員擔心，競標過程終究會被政治干預，我也因此心生疑慮。但紐約市長向我保證，在遴選過程中，他們會著眼於各校的優點，絕不會受到政治干預。我向董事會傳達了這點，雙方協議一旦計畫淪為政治角力，我們就退出。

對史丹佛的教職員來說，最大的擔憂在於品質。如果我們的紐約校區空有象徵意義，卻是次級的學術機構，豈不壞了史丹佛的招牌？他們的擔憂很有道理。建立的是次級校區，不但損害史丹佛的地位，也會瓜分學校資源。因此，我們決定，在羅斯福島設立的新校區，將不遜於帕羅奧圖校區，師資與研究生的水準必須並駕齊驅。也就是說，這兩個校區是一體的，而非各自獨立。帕羅奧圖校區大學部的學生，如果有一學期能在紐約校區學習，對學生來說應該有很大的吸引力。教職員了解我們的計畫之後，大抵表示支持。

遴選過程進入最後一個階段，可能脫穎而出的獲選人，只剩史丹佛和東岸的一所大學。雙方在談判桌上卯足了勁，媒體也大幅報導此事。我們和紐約市立大學（CUNY）建立起合作關係，該校提供我們臨時住所，也願意與史丹佛成為長久的夥伴。本校董事會成員親臨羅斯福島，評估該地發展的潛力。總而言之，我們看來很有希望奪標。

至此，本校已有數十人、投注數千個小時在這項計畫上。全世界都在看誰能雀屏中選。我已賭上自己的名聲，說服史丹佛社群的幾萬人相信這個願景，把批評者轉化為忠誠的支持者。不料，協商開始出現問題。

我承認，我們早已經看見預警信號，知道事情可能不像表面看到的那樣。

一開始，我們選擇忽略這些信號，畢竟，冒險就得對自己的願景深信不移。通常，在非營利組織的談判中，一方會毫無隱瞞告訴另一方，所有應該知曉的訊息，因為雙方不是競爭關係，而是在為共同使命努力。然而，我們和紐約市的協商則不同。過程中，我們透過調查揭露不少內情，其中最值得一提的是，校區預定地上一間舊醫院，地底下是廢棄物掩埋場，而且很可能具有環境危害。

更糟的是，紐約市府團隊要求我們，以市價買下教職員和學生宿舍的預定地，似乎把我們當成房地產開發商，以營利為經營目標；不認為我們是非營利的教育機構，致力以低於建設成本的租金，提供宿舍給學生和教職員。

由於新的事證與種種要求接踵而至，我們不得不問反思：我們現在在做什麼？我們想要拿下這個案子，但光是提案，就花了一百萬美元，還借重史丹佛最有經驗人才的集體智慧。儘管疑慮漸增，我們還是決定繼續協商，希望能將風險與隱憂降到最低。

接下來，紐約市府要求我們，按照時間表為新校區湊足一定的師生人數，而且這將載明在合約上。我了解這項要求，是為了確保我們能達成目標，不讓新校區變成空殼子。但是，這麼做將違反本計畫的關鍵原則：對於教職員任用和入學名額招生，史丹佛有絕對的掌控權，不會為了數量犧牲品質。

這時，我領悟到這項計畫無法成功，不得不壯士斷腕。因為，我們與紐約市府的合約，將違反本校的核心價值。不管我多麼希望這項計畫能夠實現，即使我站在校區預定地上時，可以感受到新校區歷歷在目，眼看曼哈頓近在眼前，我還是得懸崖勒馬。我召開會議，找來幕僚、法律顧問和土地與建築副總裁，研究每一項細節，包括與紐約市談判觸發的種種警報，以及簽約後如果無法履行條款與義務，將引發哪些風險。我們的憂慮果然是對的。我不願顛覆史丹佛的核心使命，也不想破壞我們的價值觀，因此決定不簽約。

也許，代表紐約市談判的人不了解，大學的運作方式和房地產開發商大不相同。他們增加了一些條件，認定我們「求標若渴」，一定會接受。但是他們不知道，我們對於史丹佛的願景與價值觀，有多麼忠誠。或許，這是我們沒溝通清楚的緣故。

我打電話給學校董事會主席萊絲莉．休姆博士（Leslie Hume），告知我們決定放棄紐約校區的標案，她很驚訝，但驚訝的原因與我的料想不同。她說她擔心我的團隊（其實是指我）已如此熱衷，無論如何都不會放棄。我想，她聽了這個消息之後，有如釋重負之感。

我猜想交易破局會引發強烈反彈，我們可能被《紐約時報》批評得體無完膚，但我心安理得，夜夜好眠。最後，紐約的校友和媒體，多數都給予我們支持與肯定。原本大力支持這項計畫的董事會，也能理解我們為什麼抽身。教職員都鬆了一口氣，我們終究沒為了實現自己的夢想出賣他們。事實上，我們展現了冒險的勇氣，也有勇氣叫停，這證明史丹佛社群支持審慎思量，而後勇於冒險，也尊敬由價值觀驅動的大膽行動。

我個人可說了無遺憾。這次冒險的行動沒有錯，我們也在過程中展望，大學在二十一世紀可能是什麼樣貌。持平而論，最後退出也是正確的決定，畢竟我們的疑慮已成為事實，這項計畫會損害學校的基本原則。而且，一個禮拜之內，報紙還在報導這個事件的時候，我已另起爐灶，尋找類似的轉型機會，希望為世界帶來更大的影響。這就是奈特－漢尼斯學者獎學金計畫的源起。

有時，你或許需要放棄夢想，但是如果你以勇氣來領導，所有的努力都不會白費。所謂塞翁失馬焉知非福，你也許會為自己得到的東西感到驚喜。

第　6　章

協力與團隊合作：你無法單打獨鬥

聚集是個開端，團結就有進展，合作便能成功。

——亨利・福特（Henry Ford）

想到偉大領導人，我們不一定會聯想到協力或團隊合作。畢竟，當老闆就表示，你不需要與人合夥，只要發號施令，不是嗎？你好不容易爬到領導人的地位，並不是為了與別人分享權力吧。如果有團隊，也是你下令組成的，你是領導團隊的人，而不是團隊的一員。

但就我的經驗來說，與前述完全相反的論述，才是正確的。其實，領導就是協力與團隊合作。當然，有些任務你得獨力完成，但是最重要的任務仍須由團隊來完成。這支團隊就是你帶領的團隊，不是在你一聲令下行動的，而是跟你一起工作的。①

這個論點，你也許早就知道，但你可能仍不知道，你的團隊成員與你是平等的，有些成員的貢獻甚至比你多。我見過無數團隊，老闆不但是領導人，也是統治者，大家必須「優先」表揚他「過人」的貢獻。這不是團隊，當然更不是成功的團隊，而是十足的暴政。對我而言，團隊的典型模式，應該如同拉丁文「*primus inter pares*」，意思是「同僚中的首席」，說明領導人只是居於首位，權力與地位並未超越其他成員，才能創造最好的結果。

高績效領導人不僅需要知道如何參與團隊，還必須知道如何建立團隊、激勵團隊成員，以及營造出支持創造性思考的環境，激發團隊成員的爆發力，帶來卓越的結果。

儘管如此，老實說，我不知道自己是不是天生的隊友。但我認為，科學與科技的訓練，使我成為願意盡心盡力的協力者。這些學科教我如何與他人合作，了解群策群力、集思廣益通常比單打獨鬥更強。

在矽谷和史丹佛大學生活、工作的每一天，都能強化這個信念。在這樣的環境中，我了解最有貢獻的，往往不是領導人，而是最年輕的成員。這是因為他們年輕、有活力、更願意冒險、常接觸最新的創新、抱持反獨裁的態度、比較不怕名聲受損，而且不會因循守舊。高科技公司和學術界都了解這種現象，因此一直致力於打破團隊內部和不同團隊之間的界線。只有消解各種隔閡，研究生、新員工或是來自另一個團隊的人，才能做出重要貢獻。

破除階級思維並非易事。經驗較多、地位較高的人，比較不願意和階級低的新人分享權威，這是人的天性。然而，科學家和工程師相較其他族群，卻樂於看到權威「扁平化」，原因有二：首先，在自然科學悠長的歷史上，重要發現多半來自年輕人，而非長者。別忘了，愛因斯坦在他的奇蹟年（annus mirabilis），發表了數篇劃時代的論文，當時他才二十六歲。以個人貢獻來看，科學家與工程師的職涯巔峰，通常落在二十到四十幾歲的人生階段，因此，多數的年長科學家都知道，年輕一代將締造真正的突破。而長者的貢獻通常是當導師、團隊領導人或引導者。

其次，科學和工程是可以量化的。我們可以客觀衡量、評估某一個想法，也會仔細紀錄實驗。萬一團隊成員抱怨結果，或是為了爭功鬧得不愉快，解決方法很簡單，看證據就知道了。

在比較難以量化、實證的領域，如行銷、產品設計、高階管理或策略計畫，成果功過就不容易評估。我們該衡量什麼？如何衡量？成功可能是很多人促成的，要爭論貢獻誰多誰少，可能永遠也吵不完。也難怪這些領域比較注重階級，上至老闆下至實習生，都知道自己身處的地位。然而，這可能是個缺點。因為就算新人有了不起的洞見，資深老鳥用位階壓人，新人也就不敢表現。

因此，組織文化必須給人公平的機會，讓每一位成員得以施展能力。這種文化必須從身為領導人的你做起。如果你願意謙卑，成為團隊的一員，才能真正重視他人的貢獻，如此一來，就能為成功打好根基。

建立高績效團隊

除了建立協作行為模式，若要打造成功的團隊，領導人必須挑選出合適的成員，並且為團隊運作設定基本規則。團隊的任務也許不像表面上看來那麼簡單。一九八〇年開始，在史丹佛進行的ＭＩＰＳ計畫，就讓我學到很多。

我們從一個非常簡單的問題開始研究：我們可以把幾台完整的電腦，建構在單一晶片上，但是為了避免單純複製迷你電腦或大型主機，是否應該採取截然不同的做法？我們了解自己要開發的，是前所未有且未經證實的東西，因此必須組建一個跨領域的團隊，才能辨識所有可能的情況。我們需要能設計積體電路的人、知曉計算機組成和架構的人，以及了解編譯器和作業系統的人。最後，我們召集了一支小小的團隊，設計微處理器及其核心軟體。為了以小搏大，我們需要能建造計算機輔助設計工具的人才。

這支團隊的成員包括我自己，和幾位教職員同事，各自提供說明、提出組織計畫、解說某些特定領域知識（好比我就是最初的編譯器專家），以及做出專業的判斷。其他成員都是研究生，我們希望他們能提出大部分關鍵性的想法。因為，他們來自不同的領域，有新的思考方式，能夠平衡考量，資源應該用於硬體或軟體。這些年輕、聰穎的人才，是獨立、嚴謹的思想家，願意重新思考、創造傳統的智慧，正是我們需要的團隊新血輪。

教職成員的任務，則是確立研究過程。我們先就問題進行腦力激盪，整個團隊研讀過相關文獻後，提出想法一起斟酌。雖然我們鼓勵大家提出新的想法，但也不能過於天馬行空，否則會沒完沒了。我們必須考慮到現實層面，釐清哪些洞見是有道理的。設定界限就是我們這些「老前輩」的工作，儘管那時我才二十八歲。

亞馬遜執行長貝佐斯提出「兩個披薩原則」，限定參加會議的人數，必須控制在兩個披薩夠吃的程度，因為小而高績效的團隊通常比較有效率。我們的團隊正是如此，由一小撮頂尖思想家組合而成。此外，研究顯示，生產力最高的團隊，包含了最多元化的技能、觀點與個性。你如何使團隊擁有最高的異質性，同時又能團結一心？這就是所有團隊領導人的終極挑戰。

團隊成員來自不同領域，也會帶來挑戰。你把抱持不同觀點的人集結起來，就必須賦予每位成員相同的權力，否則團隊可能分裂成好幾派，各派擁有自己的技術語彙。此外，來自不同領域的成員，各有各的資歷背景，因此可能形成階級，導致某一群人或許會認為，自己的貢獻要比其他人更有價值。

因此，我必須設定基本原則，以免成員陷入惡性競爭。首先，我提醒每個人團隊的共同目標，也就是做出偉大的東西。偉大意謂每一部分都必須是最好的。為了做到這點，團隊每位成員的專長都很重要，必須受到尊重。

此外，為了支持創新的跨領域思維，我設定了第二項基本原則。一開始，不去批評別人的點子，而是好好思考、客觀評估，而且不預設立場。

為此，我又加上第三項基本原則，鼓勵大家不要怕提出尖銳、棘手的問題。這樣的問題對計畫發展很重要。任何一名成員都能提出這樣的問題，但必須尊重別人，被質問的人也應該以開放的態度面對，如此一來才能進行評估。如果團隊想要有重要成就，所有的想法都必須經過激烈、甚至無情的挑戰，而且這樣的挑戰應該對事不對人。

最後一項基本原則，則是團隊成員必須互相尊重。畢竟，每個人都有自己的價值，不然也不會被拉進這支團隊。特別是如果團隊裡的每位成員都很強勢，領導人就得讓所有人知道，不是誰嗓門大誰就贏。反之，你必須培養鼓勵思考的工作環境，要大家以深思來辯論，同時勸阻針對個人的批評或憤怒的情緒。在MIPS計畫中，這就是我們的行為典範，所有的教職員都致力於強化這些行為規範。

我在MIPS計畫中，以及隨後在矽谷創業學到的東西，成為我當上史丹佛校長後，實踐領導的重要關鍵。我特別運用同樣的基本原則，促進團隊合作。我鼓勵新的想法，也歡迎團隊成員提出尖銳的問題。我從未阻攔任何人提出值得關切的問題；反之，如果沒有人提出問題，我可能會厲聲責罵。我期待團隊成員大膽跟我說：「約翰，你知道嗎？我認為這麼做是錯的。」我希望他們不怕指出問題。

成功協作的關鍵，在於了解你的角色

在我的職涯中，我參加過很多團隊和協作計畫，但其中最重要的兩次經驗，其實並沒什麼不同。這就是高績效協作要學習的另一課：你必須找到自己的角色，然後好好扮演這個角色。

這就是為何，我與克拉克的合作如魚得水。一開始，我只是個教授和研究人員。我遇見他，就知道他是要做大事、改變世界的人。他是天生的冒險家，不怕犯錯，也不怕冒犯意見不合的人。他似乎不想管任何小事，也不聽別人的建言。有些人認為他實在很難共事，因為他做事非常認真、要求很高，但我發現他絕頂聰明，有領袖魅力，所以兩人合作起來很少出現麻煩。其實，我們合作愉快。為什麼？原因有二：首先，我佩服他總是投入，抱著必勝的決心，鍥而不捨追求成功。他努力是為了成功，這一點我也一樣。其次，我很快就知道，自己得扮演什麼樣的角色。克拉克對於電腦成像，有遠大的願景和核心思想，我則建立工具，讓他得以實現願景。我一路上學到很多，這些成了幾年後創立美普思公司的基礎。

在擔任史丹佛校長的年頭裡，我和教務長艾奇曼迪，建立了嶄新、截然不同的夥伴關係。艾奇的個性和克拉克南轅北轍，卻都才智過人，不過，艾奇外交手腕高明，生性謹慎，也是我所認識最有耐心的人。

艾奇是史丹佛哲學教授，也是邏輯學家，因此具有不少電腦方面的專業知識。在此之前，我們曾短暫共事，同在大學委員會研究教學科技。我知道他思想深刻，關心學校的未來。他也是校長遴選會的副主席，所以我就任校長之後，邀請他擔任教務長，肩負本校營運的重責大任。

很多人接下教務長職務，是把這份工作視為墊腳石，希望能早日當上校長。有些人當了教務長之後，發覺學校行政工作過於繁重，不堪負荷。有些人則發現，教務長必須掌控教職員任用，以及學術研究的預算，會樹立太多敵人。因此，教務長任期平均為四到五年。而艾奇任職超過十六年，是史丹佛任期最長的教務長。為什麼他能做這麼久？首先，他不想當校長。更重要的是，他勝任愉快，五十億美元的複雜預算程序難不倒他，同時，他懂得以和為貴，不與人為敵。

我們能合作無間有很多原因。我們都知道自己的角色，也能扮演好這樣的角色。我擅長對外，他負責對內。我是夢想家，他則是掌舵者。我和克拉克搭檔時，兩人都小心翼翼，生怕踩到對方的地盤。跟艾奇合作則沒有這樣的顧慮，我倆之間幾乎沒有界線。在很多情況下，我和艾奇可互為替身。我從來不需要猶豫，讓他代表我參加任何會議、聚會或活動。我知道他作為校長代理人，可以表現得跟我一樣好，他選擇的立場、傳達的訊息，也都能正確反映我的意見。我們完全信賴對方。② 我放心讓他處理複雜的問題，他也會一五一十報告我需要知道的事情。我能在史丹佛大學當十六年校長，大抵因為我有這麼一個好搭檔。

協力創造奇蹟

我和艾奇甫上任，就碰到了一個大問題。史丹佛的足球場建於一九二七年，已經老舊不堪，必須改建。新球場造價高昂，必然會使我們即將展開的重要學術計畫受到影響。我們實在走投無路，迫切需要協助，於是打電話向校友約翰．亞里拉嘉（John Arrillaga）求助，他曾是籃球校隊成員，多年來一直很支持史丹佛的體育活動。亞里拉嘉也是矽谷最成功的商業房地產開發商，精通建設的訣竅，能蓋得快又省錢。

亞里拉嘉提出一個解方：他不但會捐款，還願意幫忙募款，但要求足球場最後設計由他定案，並且負責施工。在正常的情況下，任何組織都不會把重要資產交給志願者，特別是這案子斥資上億美元甚至更高，因此學校員工和董事會都表示疑慮。然而，我和艾奇長久以來和亞里拉嘉合作愉快，相信他會為史丹佛做正確的事。儘管如此，還是免不了會有擔憂，但我們認為風險是合理的，因此開始合作。

二〇〇五年感恩節的週末，我們與聖母大學（University of Notre Dame）最後一場比賽落幕後，推土機就開進來了。翌年九月十六日，不到十個月，史丹佛校隊就在新的球場上對戰海軍學院（United States Naval Academy，簡稱NAVY）。亞里拉嘉的設計超乎我們的預期，而且我們跟其他大學不同，不必為了體育場地負債累累。

在接下來的十年，亞里拉嘉接手了許多興建計畫，除了籃球場、新的練習場、三座運動中心，還有學生宿舍和新的招生辦公室。在我擔任校長任內，他總共幫忙監督了好幾十件案子，不只捐款，也親自參與建案的設計與興建。這種事在任何機構都很罕見，卻在史丹佛順利運作，而且雙方合作至今。即使我已卸下校長一職，教務長艾奇曼迪依然和亞里拉嘉繼續合作，有鑑於灣區租金飆升，一房難求，亞里拉嘉同意捐款，為我們興建一棟最大的校內學生宿舍。

此外，我們也與著名的藝術收藏家安德森家族（Anderson）合作，以加強史丹佛在藝術領域的貢獻。安德森夫婦與女兒，分別以暱稱「帥哥」（Hunk）、「哞」（Moo）和「噗噗」（Putter）為人所知。多年來，他們私人收藏的美國現代藝術作品，可說是出類拔萃。我個人由於內人的薰陶，大都也很熟悉這些藝術品的作者，包括傑克森．波拉克（Jackson Pollock）、馬克．羅斯科（Mark Rothko）、理查．迪本科恩（Richard Diebenkorn）、菲利浦．古斯頓（Philip Guston）、山姆．法蘭西斯（Sam Francis）、韋恩．蒂博（Wayne Thiebaud）、威廉．德．庫寧（Willem de Kooning）、納森．奧利維拉（Nathan Oliveira）和羅伯．馬瑟韋爾（Robert Motherwell）等人。在我之前，有幾任校長曾與安德森家族商談，請他們捐出部分收藏品給學校，但每次都協商未果。不過，我決定再試一次，帶一支全新的史丹佛團隊去談。安德森家族的收藏品，將豐富學校的藝術收藏，提高史丹佛在藝術界的能見度。

這個團隊於是開始接觸安德森家族。我們都知道，安德森一家為了這些藝術品，耗費畢生心力和所有的財富，這些藝術品現在的市值已達幾億美元。我們了解到，他們希望這些藝術品能有一個永久的家，得以好好保存，也能在那裡做公眾展示。我們有辦法在史丹佛校園內，為它們建立容身之處嗎？我擔心學校沒有足夠的預算建造這座美術館，或後續維護這些絕世珍品，尤其這筆金額主要來自核心預算。即使如此，我們仍不斷溝通。安德森家的收藏品將落腳史丹佛一事底定之後，不少友人相信藝術的重要，也了解這些額外的收藏蘊藏改革的能量，因此決定捐款，幫助我們建造美術館。如今，安德森美術館已經是史丹佛校區的重要景點，並且得以與社區居民及來自全世界的遊客，共同分享藝術之美。

從前述幾項計畫可見，協力不只是幾個人組成團隊、一起工作，期望就此互相了解。協力就像婚姻，需要不斷妥協與調整，以達成最終目標。成員還必須面對懷疑，一起解決問題。前述兩項合作計畫，都不是典型的學術合作，我們合作的對象是剛強的企業家，都曾創立過大公司，不過最後的成果顯示出，我們達成的目標，是一般學術合作計畫難以企及的。由於我們的思考跳脫了一般關係的框架，建立真正的協作團隊，目標一致，因此能創造奇蹟。

由下而上的協作

目前為止，我們已討論過領導人與部屬，以及超出組織範圍的協作關係，但是大多數的人都有頂頭上司，因此也必須學習如何跟他們合作。

在我擔任系主任、院長及教務長時，都有直屬主管。學習和他們合作，就是我勝任這些角色的關鍵。同等重要的是，我透過思索主管會如何鼓勵我、挑戰我，以幫助我達成目標，從而學會了如何成為更有成效的導師。

當上校長後，學校董事會成了我的主管。董事會成員共有三十到三十五人，由主席擔任領導人。我曾與四位卓越的主席共事：艾薩克・史坦（Isaac Stein）、伯特・麥默崔（Burt McMurtry）、休姆和史帝夫・丹寧（Steve Denning）。他們扮演雙重的角色，不只帶領董事會成員完成任務，也必須做校長的搭檔。他們在為期四年的任期中投入很多心力、時間，也常常為了募款或校友會的活動四處奔走。

大學董事會的運作，和公司董事會大致相同，只是前者有幾位成員可能是志願者。[3] 當然，如果領導人的行為可能傷害到機構，董事會因為肩負信託監督之責，必須介入。不管如何，多數情況下，董事會和領導團隊具有合作關係。董事會是公司執行長的支持者、顧問，也貢獻自己的知識與技能，讓管理團隊做得更好。執行長同樣有責任知會董事會，但不是製造「驚喜」，而是請他們參與討論重大決策和策略方向，以此借重董事會的智慧。

與董事會成功協作的關鍵，在於下列兩項原則：彼此信賴、了解和尊重各自的角色。董事會必須明白，自己的角色不是管理和經營大學，這是領導團隊的工作。領導團隊同樣得知道，董事會對校長的任命與評估，必須負起全責，以維護校譽（就這一點而言，雙方都有責），確保學校長期財務狀況良好。董事會還必須為後代的利益把關。了解這些職責，有助於建立互信關係。我對董事會誠實、直率，幾乎每一項重大決策都會請他們參與，也相信他們會聆聽領導團隊的決定，並且給予支持。

在史丹佛這樣的非營利機構，董事會還得扮演另一個重要角色：不只慷慨解囊，也願意出面為學校募款，好讓學校蓬勃發展。在這方面，整所大學領導團隊與董事會的合作非常重要。在下一章〈創新〉我們將看到，史丹佛的學術領導人如何與現任及前任董事會成員攜手合作，推動一項長達十年的重要策略計畫。

挑選千里馬：如何找對人，隨時準備神救援

身為領導人，你最後必然會發現，你不只參與自己創建的團隊，還得把領導權交給別人。這是一系列的挑戰，也許最重要的一點，就是選擇好的領導人，並成為成功的推手。怎樣才能找到對的人？誰能為你招募一支優秀的團隊，讓成員皆能相互理解，並且建立尊重與多產的團隊文化，藉此激發每一位成員的最佳績效，進而達成團隊目標？

一開始，這種轉變也許讓你很不放心。你能爬上今天的地位，其中一個原因是，你身為優秀的團隊領導人，也是團隊的一員。現在，你卻要把工作交付給別人。你如何知道這個人是否能承擔如此重責大任？有人說，明星球員不見

得是好教練或總教練，因為他們會用自己過去的能力，衡量球員的表現。招募團隊領導人時也是一樣，你也許懷疑候選人的能力不如你，而把他們刷下來。有時，這樣的評估是正確的，但你可能常常透過有色眼鏡看自己的過去，只看見好的一面。別忘了，你今天有這些技能，是花很多時間培養出來的，一路上想必跌跌撞撞。因此，你要注意別想要找跟自己一樣的人，你要找的人應該是能與人積極合作、具有領袖特質，而且能達成任務的人。

一旦找到合適的人，你就必須後退一步，讓這個人大顯身手。你可能會根據他採取的行動，評斷他的表現不過爾爾，如果是你自己來做，就能有不凡的成果。這就危險了，因為，你或許會想要干預，阻止他們犯下早就能避開的錯誤。但是，你還是得忍住衝動，除非團隊真的出現問題，無法協調，波及你以及周遭的人，特別是團隊成員。團隊領導人都會犯錯，因此才能夠進步。不管你是否記得，你或許也是經由犯錯，才有今天的功力。④

你應該相信自己挑選出來的團隊領導人，以及自己的判斷。身為最高主管，你沒有時間插手管每一件事。不過，如果你看到計畫脫軌，或者其他人提醒你注意，你就必須干預。

有時，干預意謂指導面臨困難的領導人。很多時候，問對問題就能讓團隊領導人了解關鍵為何：團隊能否意見一致？是否發現明確的機會和挑戰？是否有計畫尋求更多的支持？我曾遭遇好幾種情況，團隊領導人和團隊核心有清晰的願景，但是沒有尋求廣大社群的支持，因此就無法成功。如果你找對人、問對問題，團隊領導人就知道該怎麼做了。

如果指導沒用，你必須評估是否應該換人。在找到替代人選之前，你有沒有時間，一邊找人一邊帶領團隊？如果你沒有足夠的時間和精力，比起維持現狀，撤換領導人可能會對團隊帶來更大的傷害。

有幾次，我懷疑領導人力有未逮，但依然採取了新的行動。有時，你會覺得自己別無選擇，你的機構有迫切的需求，或是你看到機會，必須迅速採取行動。在這種情況之下，我挑出了最佳領導人選，結果卻乏善可陳、進展過於緩慢，或是領導人沒有受到愛戴、無法激勵成員。如果你沒辦法派更好的人選接手，就得三思，考慮在此停損，繼續前進。即使如此，我也會設法收拾這個攤子，宣布團隊已有若干成果，但不得不結束，把資源轉移到更重要的計畫上，給更好的團隊。接下來，我們將討論協作失敗的善後問題。

協作未果如何善後？

除了沒能找到合適的團隊領導人，團隊協作失敗的原因還有好幾個。有時，失敗是因為提倡者沒能獲得機構的支持，或執行計畫的理由與設想不同，無法使人信服。如果已經盡了最大的努力，事情仍不如所願怎麼辦？這時，我們必須記得要謙卑。

二〇〇七年，我就碰到了這樣的情況。當時，我們計畫要收更多大學部的學生。根據全國教育發展趨勢，我發現有更多人想進頂尖大學，不管是公立或私立大學。二〇〇七年，申請進入史丹佛大學的新生超過兩萬五千人，名額則只有一六五〇人，申請人比二〇〇〇年多了將近五〇%。近二十五年來，頂尖私立大學招生人數成長有限，多半小於五%，申請人數卻倍增。雖然公立大學招生人數增加了一些，但因為州政府的投資減少，大多面臨財政困境，無法因應增長的需求。

對我而言，擴大招生是義無反顧的事。申請入學的學生很多都非常優秀，史丹佛應該能找到更多資源，責無旁貸錄取更多傑出新生。於是，我找了幾位教授，設立一個專案小組，我相信他們都支持擴大招生，也能貢獻自己的觀點。同時，我也開始和董事會討論此事。

然而，以道德為根據的論點，還是說服不了某些人。他們覺得，一年多幾百位畢業生無法解決問題。再者，有些董事會和專案小組的成員擔心，學生宿舍可能不夠，或學校疏於輔導學生，沒有好好建議學生適合的主修科系。他們認為，在擴大招生之前，我們應該投入資源，好好照顧原來的學生，以達盡善盡美。

我和教務長都不同意這個說法。我們認為學校對學生的照顧已經夠好了，難道投入更多資源，就能做得更好嗎？在我看來，至少錢不會花在刀口上。但是，反對陣營絲毫不肯讓步。我們可以一意孤行嗎？我想可以，但是這樣將破壞信賴關係，將來要推動的計畫，可能得不到應有的支持。

最後，專案小組完成最後一次報告前，金融風暴席捲而來，給了我們下臺階的機會，招生計畫就此擱置了五年。所以，我們再度提出這個計畫時，沒有人反對，還找到更多捐贈者，一方面得以擴大招生，另一方面改善了學生輔導與宿舍問題。

以後見之明來看，擴大招生計畫一開始會失敗，部分是我的錯。畢竟，專案小組的成員，是我和教務長親自挑選的，我們設立架構，讓他們執行。然而，事實證明，計畫再延個幾年才是最佳時機。因為金融風暴，我們才得以優雅退場。有些時候，協作未果卻很難全身而退，例如過去與紐約市的協商（見第五章）。在這種情況之下，特別是得不到明確支持的時候，還選擇一味蠻幹，就可能傷害到重要的關係、未來的計畫和機構的利益。你得有勇氣認錯，並轉向其他機會。

如何慶祝成功？

如果團隊合作無間，眾人齊心齊力達成目標、甚至超越目標，成員通常不想解散。其實，一支團隊的結束幾乎和開始一樣重要。

團隊能夠成功，是因為你幫忙召集成員後，這群人能夠屏除彼此差異，找到順利合作的方法，一起全力追逐目標，最終達成目的。而且，對整體組織來說，每一位成員都有重要貢獻。這樣的資產有如黃金，你會想要盡可能保存下來，使之擴展。你也許會想要和這些團隊成員再度合作，甚至讓他們加入其他團隊。或是晉升某些最有能力的成員，讓他們擔任領導人，帶領自己的團隊。不過，要如何做到這些事呢？

現今的職場環境步調很快，即使團隊相當成功，最高主管多半只是簡單說聲謝謝，就武斷解散團隊，或者更糟的是，讓團隊自生自滅。不過，團隊的成功值得以慶祝和儀式為它落幕。也就是說，必須集合所有團隊成員，表彰每一個人的貢獻，詳述整體團隊的成就，並且向他們致敬。

人們常常認為，這樣的慶祝就像為退休同事舉辦惜別會。其實不然，這些活動意義重大。由於你是負責監督團隊的人，籌劃此事就是你對這支團隊最大的貢獻。你必須告訴每一個人，上至團隊領導人，下達最年輕的成員，他們有多麼重要，以及他們的成就多麼有價值。

在我擔任校長期間，常和內人在家裡舉行晚宴。我會在年度感恩宴上，感謝學術和行政領導人員的付出，或是慶祝大學獲得大筆捐款。在我任期最後一年，我們決定為志願者和支持者，策劃特殊紀念活動，感謝他們過去十六年來，為學校的成功付出努力。所以，我們決定舉辦一系列感恩晚宴，邀請以前的董事會成員、幾位主要志願者和顧問，以及推動、支援最重要的幾項計畫的幫手。我們希望能藉此表示：「過去十六年，我們在史丹佛締造的成就，是大家共同努力的結果。你的貢獻非常重要，因為你，史丹佛才能為了全體師生變得更好。沒有你，就沒有這一切。」

在這樣的場合中，我會四處走動，親自向每一位來賓道謝，點明他們的支持如何促成最後的成功。我希望每一個人都知道，他們的行動如何讓這所大學至善至美。我希望他們親耳聽到，他們的努力有多麼重要，並且表達我最衷心的感謝。

那幾場晚宴真是非比尋常，真誠的感激與彼此的善意，讓我們的心靈昇華。這不就是合作的真諦？你和團隊是一體的，而不是獨自一人。為什麼要等到團隊都解散了，才發現他們對你有多麼重要？為什麼不趁團隊還在的時候，一起慶祝這段時光呢？

第 7 章

創新：產業與學術界成功之鑰

要成功，光靠計畫不夠，還得臨機應變。

——艾薩克・艾西莫夫（Isaac Asimov），頂尖科幻小說家我們都聽過一句老話：「唯一不變的就是變化。」由於創新與數位革命，變化的步調愈來愈快。在矽谷，近半個世紀以來，我們都有這種感受。現在，世界其他地方也都感受到了，目前看來，變化只會愈演愈烈，沒有減緩的跡象。

雖然我們都感覺到變化加劇的效應，變化的本質並不是規律單一的，例如在商業界和學術界，狀況就大有不同。我曾經在史丹佛和科技產業待過，所以親身體驗到這兩種領域的差異。回顧我的職涯可謂多采多姿，我曾創立公司、把新點子推銷給陌生的投資人、幫助一家公司上市、在幾家重要的科技改革公司擔任董事，以及以天使投資人身分資助新創公司。我也曾在大學擔任教授、領導一所師生加起來有數萬人之多的大學、掌控數十億美元的年度預算，以及掌管數百億美元的捐贈基金。這所大學及其附屬醫療機構，總收入約當財星五百大公司，總資產和好市多（Costco Wholesale Corporation）不相上下。

在學術界和產業界，創新及基於創新的改變，都具有關鍵地位，但是這兩種領域因應創新的運作方式截然不同。不了解兩者的差異，可能會有危險。如果你把公司當成大學來經營，可能沒人會把你當成一回事；要是你把大學當公司經營，教職員可能會想推翻你。無論如何，不管是學術機構或是公司企業，要生存就必須創新。

創新的自由

學術界和產業界最大的差異，在於時間觀念與風險承擔。就我的經驗來說，大學中「奇特」的創新，大抵是由好奇心所驅動，或是源於偶然的發現。為什麼？因為一般而言，學術界的人沒有最後期限的壓力，不必搶先上市以擊敗競爭者，就算沒有創新，也不會有失去市場的風險。他們用不著為了完整的解決方案費盡心思，只要在某個領域有所突破，或提出嶄新的想法即可。因此，他們可以在好奇心的引領下，慢慢探索，或是等待機會降臨。而且，他們不必擔心下一季的損益表，或是明年的新產品。學術界的時間觀為基礎研究敞開大門，沒有時間的壓力，只希望產出改變世界的結果。事實上，未來革命性的貢獻，比今日持續增長的進步更有價值。

三十年前，我們在史丹佛展開MIPS計畫時，由於半導體的發展和摩爾定律，我們知道自己已踏入微縮科技時代，機會之門也為我們開啟。英特爾（Intel）和摩托羅拉（Motorola）都指出，微電腦架構已經成熟，產品設計可縮小，最後只需要一、兩個晶片就可以了。這種新的晶片就是微處理器，它改變了科技世界。

在史丹佛，我們看到的現實是，儘管微處理器是革命性的產品，最初的版本卻是為了上市勉強做出來的。英特爾和摩托羅拉為了搶占上市，做了很多妥協。例如英特爾與日本的合夥公司簽約後，依然吃足苦頭。相形之下，我們不必妥協，也不必擔心相容性，我們有完全的自由，想做什麼，就做什麼，這是在大學實驗室做研究的先決條件。我們能提出大問題，像是：如果迷你電腦或是主機的設計，並不適用於微處理器，該怎麼辦？

結果，我們研究出精簡指令集（RISC），對電腦和電玩產業影響甚巨。如果你的年齡超過二十五歲，必然使用過含有MIPS晶片的電子裝置。商業界能創造出像MIPS晶片的東西嗎？也許總有一天可以做到，但我們打從一開始，就能設計出比較創新、完整的解決方案，這也是業界願意採用的重要原因。

不用說，我們雖然自由，但失敗的風險也比較大，或是做出來的東西不實用。所以，很多業界的工程師認為，我們在大學實驗室打造出來的原型，永遠不可能成為「真正的電腦」。這一點不無道理。在大學裡，你可以承擔這些風險，展現知識的進步，從風險中獲益，還不必面對太多不利因素。反之，研究帶來的漸進改良，鮮少受到關注。

創新是新創公司發展的動力

不知有多少次，學生跟我說：「我想開一家新創公司。」我問他們握有什麼技術。他們回答：「我還沒開發出來，不過我就是想要開一家新創公司。」於是，我提醒他們，成功的新創公司，都有了不起的技術發現，或至少是新奇的應用程式，如 eBay、Airbnb 或 Uber。創新為創業家帶來絕佳的機會，絕不是開了家新創公司，就能發展出創新技術。

大學研究環境讓人有創新的自由，因此學術界的人，可免於遭受許多現實問題的牽絆。有無數的研究領域，試圖解開開放性的問題，例如在大霹靂（Big Bang）後，前幾微秒（百萬分之一秒）內發生了什麼？這些問題都很引人入勝，其中有些研究計畫，停留在只是新奇有趣的階段，不過，有些則能帶來重大發現，並且得以實際運用。然而，我們很難根據因果，預測哪些計畫是前者、哪些是後者。而且事實上，只有一小部分的研究，可能大幅增進知識，或是立即運用在產業界，促成新產品或新公司的誕生。

商業界對於創新的期待，完全是另一回事，因為市場機制使得選擇的範圍變得狹窄，失敗成本卻很高。即使創新只是些微的進步，仍有可能獲利，但任何進步如果不受市場青睞，只是白費功夫。在這樣的世界，創新意謂做出人們想要的東西，即使他們還不知道自己需要它。

賈伯斯的核心哲學之一，就是不問顧客要什麼，因為發明是他的任務，不是顧客要做的事。iPhone就是最好的例子。很多人不知道自己想要智慧型手機，一旦入手，則愛不釋手。別忘了，手機和個人數位助理早已問世，很多人可能擁有其中之一，或是兩者都有。但是，賈伯斯把兩種裝置合而為一，突然間，每個人都需要一支iPhone。

這就是創新的里程碑。我何其有幸，看過最初的雅虎（Yahoo）和Google，使我茅塞頓開。雅虎讓我看到網際網路潛力無窮，不只幫助科學家和技術人員溝通，甚至能改變世人的生活。Google則是脫胎換骨的搜尋引擎，因卓越的演算法而稱霸搜尋市場。這些都是成功的新產品或新服務，我們在入手之前，根本就不知道自己需要它們，現在卻已離不開這些產品了。

創新夥伴

學術界與商業界要共生，真正的力量在於想法與落實相互聯繫。研究生和教授有探索的自由，因此，全新的概念和偶然的想法，便能在大學中出現。但這些想法可能一直被擱置，直到有人發現，它可以運用在真實生活中，甚至可能獲利。創業投資者、政府機構和野心勃勃的企業家，扮演的角色就是使想法落實，成為有益於人類的產品和服務。

Google 就是最好的例子。在 Google 問世之前，我們已有相當不錯且遠勝以往的搜尋引擎「AltaVista」。但是，當兩位史丹佛學生賽吉・布林（Sergey Brin）和賴瑞・佩吉（Larry Page），用年輕的雙眼看著 AltaVista，他們看到了機會。布林和佩吉憑藉全新的演算法，以及對正確的搜尋結果近乎痴狂的執著，創造出大幅改進的解決方案。此外，Google 前執行長艾瑞克・施密特（Eric Schmidt）深知，贏得用戶的信賴非常重要，Google 才因而獨樹一格。

特別是 Google 搜尋的結果，是根據用戶的需求或興趣，而非廣告商的利益。Google 呈現的搜尋結果，可能導向廣告，但絕對不是讓廣告左右搜尋結果。同樣的透明與誠信特質，也反映在他們著名的首頁設計上。Google 大可讓人在首頁上做廣告，但他們不這麼做，只是請用戶輸入搜尋關鍵字。這個決定與搜尋演算法的原則相合，Google因此能成為搜尋產業龍頭老大。

像Google這樣的公司，也許是商業史上最成功的例子。他們的創新是在學術環境中萌芽，但是，為了把某種新發現或新科技推向市場，領導人所做的種種選擇，已超越學術研究的範疇。因為，除非我們走入市場，否則難以預料會碰到什麼問題。再者，往市場發展的過程中，牽涉到複雜的權衡與決策，我們所做的選擇和最初的發現一樣，都會影響到結果。簡而言之，學術界和產業界需要彼此。

學術界與產業界如何相輔相成

在理想的世界裡，產業界和學術界了解彼此的差異，會努力互補。但在現實世界，要縮小差距並不容易。

技術轉移對大學而言是個難題，首先，大學必須確認，哪些研究成果具有真正的商業利益，才能無痛轉移。同時還要面對衝突，因為技術轉移是任務中重要的一環，也是創造收入的機會。所以，以大學為基礎的創業投資基金、創業育成中心，以及研究商業化計畫日益增加，都是為了幫助創業家，同時保障研究機構的利益。事實上，有好幾所大學為了利益，而跟公司對簿公堂，認為公司使用的專利應歸屬大學。

從另一方面來看，公司常陷入創新不足的窘況。很多產業界人士發現基礎研究很燒錢，回收遙遙無期，因此難以為繼。大企業則因為無法持續創新而受挫，面對屢屢出奇致勝的新創公司，不由得倍感威脅。

也許是經濟需求使然，學術界與產業界交疊的地方變多了。當然，這非常諷刺，畢竟這兩種文化幾乎不相容。公司如果想要建立像大學那樣的研究實驗室，很快就會失去耐心，無法容忍研究人員漫無目的探索。不久，就會要求研究人員，搞出能帶來收入的東西。反之，如果大學過分要求研究人員，致力於能賺錢的研究計畫，就很難有重大的新發現。

身為大學校長，我努力在研究與商業利益之間取得平衡點。首先，我確保研究的開放性，使公眾受益，如果能有金錢報酬，亦講求取之有道，藉此支持未來的研究。這樣的決定是基於我的生涯軌跡，我曾在矽谷創業，也是學術研究人員。我不能為別人代言，但可以告訴你，我做了什麼。

就我在矽谷的經驗來看，我得到的結論是，史丹佛的角色主要是促進最初的發現或創新，以及教育學生成為成功的創業家。有鑑於大學資源豐富，法律協助、天使投資人與創投者，比比皆是。史丹佛至少在資訊科技方面，會透過育成中心等類似組織，盡可能不干預技術轉移的過程。生物科技或許也有機會，只是比較難獲得資金，而且實驗室設備專業又昂貴。

不過，大學有很多方法可以設下限制，阻止新創事業，讓教授和學生難以創業，或者以種種官僚做法設下阻撓，甚至要求高額權利金交換智慧財產權。即使如此，我很訝異真的有大學這麼做。我看過很多大學在育成中心浥注重金，卻限制師生參與新創公司，或是向他們索取巨額權利金或股權。長久以來，史丹佛領導團隊都認為，大學應該致力於創建有利於新想法發展的環境，而技術轉移就是轉移技術，不是像吸血鬼般榨取創業團隊的心血。

再者，我個人相信，由於多數大學研究至少部分是由政府資助，如果大學發明了有益人類生活的東西，就有責任讓這項發現得以活用。這是大學的道德義務，不該淪為生財工具。

而且，這種道德立場其實有實際優勢。因為史丹佛一直允許師生追逐創業的夢想，這所大學才能成為新創公司的搖籃、大學生創業家的聖地。這樣的成功孕育出更多的成功，因為我們早已刻意消除所有的障礙。

管理創新：引導之手

創新環境如何才能歷久不衰？在二十一世紀，不管你是社會上哪個層面的領導人，身處哪種產業、教育機構或政府機關，這都是你必須不斷思索的問題。從我的角度來看，創新環境始於了不起、有創造力的思想者，他們願意冒險，做出前所未有的新東西。一旦你找到自己的人馬，身為領導人，你的工作就是讓他們發展，不要擋路。偉大的公司和大學都是創新的溫床，但要打造這樣的環境，你必須放手，允許有創造力的思想者自行決定，下一個機會在哪裡。

領導團隊也許知道，哪一些重要領域具有策略意義，如基因體學、機器學習，或是新的能源科技等。即使領導團隊看得出來，這些領域有研究機會，能為社會帶來很大的利益，也最好減少干涉研究導向，更別拿出詳細的路線圖，規定研究人員要怎麼走。而是應該放手，讓他們遇見偶然的發現。畢竟，你不是那些領域的專家，他們才是。

當然，想要控制一切是自然的欲望，因為你希望新的投資案能夠成功，也想看到重大突破。但是，如果你顯現掌控的意圖，就可能阻礙創新。不管你有多聰明，與你合作的人可能比你更聰明，至少就他們的專業領域而言，你可是遜色許多。就算單一成員的聰明才智不如你，十個人加起來肯定是你望塵莫及的。這也就是為何佩吉和布林要在創辦人的信中提出「二〇％時間哲學」，他們表示：「我們希望員工，別把時間都投入主要的工作計畫上。我們鼓勵他們，挪出工作時間的二〇％發揮創造力，思索、研究什麼樣的計畫能為公司帶來利益。這種做法使他們更有創造力和創新精神。」

讓員工自由運用二〇％的時間，似乎可能浪費大量時間和資源，特別是員工達數萬人的大公司，很多人都不是技術人員。事實上，這麼做正是為了因應科技產業最大的挑戰：當公司規模愈來愈大，愈來愈成功，要怎麼做才能維持不斷創新？

很多公司在發展之初充滿創新動力，畢竟，創新是他們存在的原因。然而，到了某一個時間點，通常是上市後公司規模達到一定程度時，領導階層就把焦點放在「守成」，讓現有的產品更深入市場，滿足投資人的短期利益。那一天來臨時，很多公司即使位於發展蓬勃的矽谷，也會選擇比較保守的路線，著眼於短期需求，導致未來面臨長期停滯或衰退。

處於這種情勢的領導人也許有解決方案，然而，可能因為風險太大或是工作繁重，很少人願意嘗試。他們多半傾向提高短期的投資報酬率（ROI）和公司股價，趁能賺的時候趕快賺，畢竟這是公司雇用他們的原因。至於競爭力不足和衰退的問題，就留給日後的接班人傷腦筋。

賈伯斯則與眾不同。他能讓蘋果公司的創新歷久彌堅，原因在於他掌握了幾項所謂的「優勢」。首先，他在世紀之交回歸蘋果、重掌大局，當時公司已面臨重大難關，疲於創新，因此股東和顧客都願意冒險。此外，多年來，賈伯斯為自己打造的形象就是「拼命創新」，所以員工、投資人和顧客，也會對他有相同的期待。最後，從他回歸蘋果的第一天，就準備好要讓全世界的人都知道，蘋果不只致力於產品創新，甚至將努力於類別創新，因此催生了線上音樂商店 iTunes，以及應用程式商店 App Store。在企業史上，以創新的程度而言，蘋果幾乎稱得上是登峰造極。不過，賈伯斯回歸蘋果公司，到第一部 iPhone 問世，足足耗費了十年。

能和賈伯斯相提並論的企業執行長有幾人？恐怕沒有。賈伯斯是獨一無二的（*sui generis*），但其他企業家能參考他的成功祕訣，督促公司創新、獎勵創新，並且讓所有利害關係人做好心理準備。最重要的是，必須說服高階主管和董事會，安於現狀等於坐以待斃。

當然，要採取創新策略，必然要面對、克服挫敗的考驗。以賈伯斯為例，在麥金塔電腦成功之前，麗莎電腦是個失敗的產品，NeXT電腦更是出師不利，在市場慘遭滑鐵盧。我個人生涯也曾碰到幾次嚴重的挫折，例如創建美普思公司的過程、史丹佛的紐約校區，與擴大特許學校規模的計畫，結果都不如預期。擁抱創新意謂接受失敗，並且從失敗中重新爬起來。我們要面臨的挑戰，就是盡可能避免失敗，以及盡快從失敗中復原。

以策略計畫推動創新

目前為止，我們討論創新和協力，多半把焦點放在單一計畫上。如果我們要制定策略計畫，發展全新的行動或是革新組織，該如何注入創新精神？在商業界，這樣的轉變通常發生在開發全新的產品線時。例如，IBM公司的System 360電腦、蘋果的麥金塔電腦和Google的YouTube。在大學裡，這樣的行動常是連續的，而且涉及策略計畫和募款。在史丹佛，創新的關鍵在於我們的「史丹佛挑戰」及募款成就，這是多年計畫的結果，讓學校得以更上一層樓。

前一章提到，成功的團隊注重每一位成員的想法和判斷，不會忽略資淺或是缺乏經驗的成員，這樣的包容性也應該延伸到另一個方向，也就是團隊成員知識、經驗與個性的多樣性。就發展跨領域策略而言，這一點尤其重要。

有時，跨領域的包容頗為困難。聽資淺的團隊成員發表意見是一回事，至少你們是同一個領域的人，要聽另一個領域的人發表高見，那就是另外一回事了。但是，我曾聽過的最重要見解，有些來自「局外人」。

二〇〇二年，我們開始討論「史丹佛挑戰」的架構時，著眼點是未來二十多年的發展和策略計畫。這半個世紀以來，史丹佛的發展史無人能出其右：從經常被屏除在前二十名的大學之外，到常保全美前五名的頂尖大學。我們要如何超越這樣的成績？

我們要做的第一件事，就是探討過去是怎麼辦到的。這絕不是巧合，到底是什麼因素促成的？

法學院院長凱薩琳，蘇利文（Kathleen Sullivan）提供了答案：「這是因為學校知道在哪裡投資，可以讓工學院和科學系所成長，還把醫學院從舊金山搬到校本部，擴展生物科學基礎研究。此外，更建造史丹佛直線加速器中心，坐擁當時世界最大的原子擊破器，藉此拿下幾個諾貝爾獎。這些都是重要的策略計畫，也是很大的賭注，徹底改變了這所大學的未來。」

沒有人能料想到，這樣的洞見來自法學院院長。不管如何，她以局外人的觀點、流利的口才，分析史丹佛在科學上的投資，簡直是一語點醒夢中人。

蘇利文院長的評論讓我們茅塞頓開，懂得用新的眼光看待挑戰，了解前人做的巨大賭注。我們因此掙脫束縛，知道如何從大處著眼。我們整合草擬架構，完成了一項更有雄心的策略，從各個學系院所招募人才，組成委員會。當然，我們的首要任務是，為這些委員會找到領導人。他們必須讓嶄新的前行方向蓬勃發展，同時，也得盯著團隊提出可行的計畫，以免漫無目的，白費氣力。

雖然研究與教學的跨學科合作，一直是學校的要務，我們還是需要計畫委員會，針對有潛力的領域充實計畫。因此，我們建立團隊，找尋各方面的機會，如環境與永續經營、生物醫學與健康，以及國際關係、安全與發展等。不管是哪一種研究領域，史丹佛都有很棒的領導人，可以奠定基礎，帶來更好的成果。

確定研究領域之後，我和教務長進一步思索，是否可以納入其他看似不相關的學科。計畫委員會指出的領域，就是藝術。與東岸歷史悠久的大學相較，史丹佛在藝術方面的表現並不特出。我們沒有高品質的表演廳，博物館也略遜一籌，藝術系所的策展實踐經驗也不多。所幸，我們還有世界級的紀錄片和創意寫作課程。

我和教務長因為受到配偶的耳濡目染，也愛上藝術，她們分別具有視覺藝術和創意寫作的背景。不過，對藝術相關計畫的提議，各學院院長會有什麼意見？該如何說服他們？

這次，輪到商學院院長鮑伯．喬斯（Bob Joss）語出驚人。他說：「藝術是偉大的教育中，最錯綜複雜的一部分，也是我們MBA學生的生活中，很重要的一環。」誰想得到，商學院院長會有這樣的見解？因為他的見解，本校才推出一項重要的藝術計畫。

蘇利文與喬斯這兩位院長，不只貢獻良多，也為我們樹立了楷模。他們所表達的精神是：張大眼睛，改變你的思維，不要只是護衛自己的地盤，想想整所大學以及未來的學生需要什麼。為了清楚傳達跨領域合作的焦點，在史丹佛挑戰的募款活動上，每一位院長談的都不是自己的學院，而是強調整體計畫與跨領域思維。

使策略計畫臻至完善

一旦學術計畫小組和各院院長在策略計畫上團結一致，下一步就是溝通願景。幾位現任和前任的董事會成員組成小組，在執行過程中擔任領導階層的顧問。這個小組就像公司董事會，審查長期計畫、提供觀點、提出棘手的問題，並且確立方向。

我們利用一個週末，在鹿谷（Deer Valley）舉辦閉關會議，訂立兩大主軸。一是針對世界上最具挑戰性的問題，進行跨領域研究，另一則是教育未來全球的領導人，讓他們能幫忙解決問題。藝術計畫也是培育領導人重要的一環，我們希望透過藝術教育，讓領導人更有創意、有能力處理曖昧不明的情況，並且增進跨文化理解力。

接下來，這個小組在美國和歐洲十多座城市，共參加了二十三場討論會，補強計畫內容和更遠大的願景。在美國舉行的討論會，帶出一項有趣的結果，額外催生了K12教育方案。簡而言之，我們有很多校友不但具有全球視野，也敦促我們處理美國最重要的社會問題。他們說的沒錯，因此我們把這項方案加入原來的計畫當中。

然而，雖然K12方案有重要貢獻，但它不像長遠的學術計畫，沒能使更多學校參與其中，因此，也就無法和其他計畫一樣，獲致長遠的成功。在我看來，這也是個教訓。任何一項重要計畫都急不得，雖然社會明顯有項需求，但建立共識和廣泛的領導都需要時間。

現在，我們的計畫得到大多數內部人員的支持，也依照董事會成員的建議改善後，獲得董事會和顧問的同意。我們已經準備公諸於世，因為任何策略計畫最終必須接受眾人檢視，例如公司的客戶，或是大學的校友和捐贈者。在他們眼裡，這項計畫是否創新、影響深遠且令人信服？

為了讓人了解史丹佛未來的願景，我們利用三年的時間走訪美國、歐洲、亞洲共十九座城市，與數十位教授舉辦了超過百場研討會，吸引一萬多名校友共襄盛舉。記得某次活動結束後，我和一位傑出校友交談。他告訴我，在史丹佛求學的那段日子，對他而言意義重大，他非常珍惜那段時光，但當天聽過我們的計畫之後，更加以史丹佛為榮。看來，我們達成任務了！

第 8 章

求知欲：終身學習的重要性

不要停止發問，永遠別失去神聖的好奇心。

——愛因斯坦

據說，總統辦公室的相關人員，曾傳出這樣的說法：「一個人只要當選總統，就不再學習了。」國家元首地位獨特，背負龐大的責任，高不可攀，因此幾乎沒辦法學習新的東西。也許有人認為，所有大型組織的領導人也是一樣。當然，有些領導人確實是這樣，例如某些公司的執行長，甚至有些大學校長也是如此。

我則不信這一套。我相信領導人能學習，而且必須學習。研究與自身角色和領域有關的主題，以及感興趣的東西，將使你成為面面俱到、知識豐富的人。

當然，一旦你當上領導人，可能再沒有時間精通某個領域的知識，最多只能略有涉獵。如果你走向領導的路上，已透過多年的訓練，駕馭某個領域，當上領導人之後，或許會覺得要學習什麼，都是力不從心。但你得接受這樣的情況，畢竟你現在的專業是領導。

此外，除了增強領導技能，你也該追求新知，與時俱進，特別是對組織有影響的領域，如幹細胞、人工智慧或神經科學。你的目標是學習足夠的知識，向這些領域的專家提出精巧的問題，藉此塑造你的世界觀，與所屬組織的視野。

這個做法適用於大學和產業界。舉例來說，我是Google母公司Alphabet的董事會成員（編注：漢尼斯於二〇一八年初接任主席）。有鑑於人工智慧和機器學習的革命性發展，我向Google和史丹佛的同事求教，因而能理解到，我們很快就能看到這門科技領域的巨大改變，甚至是大躍進。AlphaGo擊敗世界棋王李世乭時，證實了我的想法沒有錯。我絕非人工智慧科技方面的專家，但是我有背景知識，懂得提出關鍵問題，也聆聽其他人的提問，因此能在董事會的討論中有所貢獻，支持人工智慧策略為重，在這個領域浥注巨資。

在大學裡，領導人得學習新技術，才能就重大投資做出明智的決策。例如，史丹佛有位教授，發明了一項技術名為光遺傳學（optogenetics），也就是利用光學探測、改變大腦中的神經元。我一看到這種大膽的技術，就知道它將改變我們研究神經科學的方式，而且未來可能為各種腦部疾病找到新療法。

我承認，我想了解這種新技術，主要是因為我天生好奇心旺盛，但實際了解光遺傳學後，我和教務長決定下重金投資。我不需要成為這個領域的專家，說實在的，我根本沒有時間這麼做，但是只要稍稍涉獵，就可以知道這項研究的巨大潛力。我只需要提出一些問題，之後就可以用通俗的話語告訴你，這種技術的運作，巧妙利用了某種原始藻類的基因，以及為何這項技術堪稱重大進展。

對企業決策者而言，整合各個領域加以善用的折衷主義（Eclecticism）非常重要；對大學校長來說，更是絕對必要。在一天當中，你可能必須和某位同事討論校務改革，了解幾項重點。然後，你得和另一位研究公司治理的教授交換意見，掌握關於薪酬和董事會組成的問題。接著，你必須和醫學院的研究人員見面，談談新的癌症免疫療法。再來，你得和工學院的人開會，了解新的電池技術。不管在哪一站，你都必須了解足夠的術語，提出相關問題，釐清這些新發展對大學有何影響。顯然，如果你希望成為好的領導人，就必須不斷學習。

母親給我的禮物

我想，我一直擁有健康的求知欲。小時候，我可以花好幾個小時閱讀百科全書，並且樂此不疲。我成長於一九五〇年代，父親是航太工程師，常常要值夜班，他不在家的夜晚，母親會為我們朗讀。幾年下來，我們幾乎讀完法蘭克．鮑姆（Frank Baum）著作、以《綠野仙蹤》（*The Wonderful Wizard of Oz*）為開端的一系列奧茲國童話故事。母親對閱讀的熱愛，就是她給我最好的禮物，只是年少的我還不知道。

十年後，我上了大學。新鮮人幾乎都很喜歡社交聯誼、派對或搞怪活動等，我的多數室友也是如此。我則興趣缺缺，一心一意滿足我的求知欲。

雖然我的朋友很少，但我第一學期的課堂表現優異，說服院長讓我在春天的學季超修一門課。學期開始才幾個禮拜，我收到母親每個月都會寄來的愛心包裹。這回，她不像往常，沒寫給我長長的家書，只附上一張短箋，說她視力有問題，但我不用擔心，她很快就會再寫信給我。一個月後，我接到父親打來的電話，要我趕快回家，因為母親得了癌症，生命危在旦夕。那天晚上，父親到火車站接我，說母親也許只能再撐幾天。當晚，我們就接到醫院打來的電話，說母親已經走了。我們這個育有六子的家庭，頓時陷入絕望。

一個禮拜後，我回到學校，卻老是心神不寧，課業一落千丈，也沒有人安慰。那個學期，我的表現不佳。六月放暑假可以回家，讓我終於鬆了一口氣。

我和家人是怎麼熬過來的呢？母親過世後那幾年，外婆常常來跟我們住，幫忙照顧弟弟和妹妹。她溫柔、體貼、有耐心，為這個家盡心盡力。有了家人和朋友的支持，我才得以恢復、振作。雖然母親走了，但我了解她留給我的實在很多，好比我對閱讀的熱愛、我對這個世界的好奇心，以及我如何善用這些遺澤，面對未來的旅途。其實，我一直覺得，一路上母親都陪伴在我身邊，我希望這一生的所做所為，能讓她感到驕傲。

從別人的經驗學習

直到今天，我依然嗜讀成癮，因為學習能使生活充滿樂趣。艾薩克森在他為達文西立傳的著作中提到，達文西的筆記多達七千兩百頁，每一頁都是好奇心的紀錄。顯然，他是個樂於追求知識的人，想要深入探索每一個領域。我想，對於學習，我們同樣都有一顆饑渴的心。這種好奇心除了帶給我快樂，對我的職業生涯也大有幫助。我因而能與人進行有意義的對話，探究這個世界及未來發展。

當我的領導職責向外擴展，從工學院跨足到整所大學時，我突然深深覺得，自己不知道的東西太多了。工學院各系所同質性較高，整所大學涵蓋的領域則五花八門，各有不同。史丹佛大學大約有上百個系所、學程，我對很多學科的認識，還不如該系大學部的學生。

於是，我立即加倍閱讀的分量，開始探索幾個很重要、我卻了解不多的領域。身為科學家，我最大的挑戰就是充實人文學科。我的妻子是藝術家，又來自藝術世家，四十多年來，她一直是我在視覺藝術方面的嚮導，而我基於對小說的熱愛，也研究了一些文學傳統，但是光是這樣還遠遠不夠。我開始閱讀《紐約書評》（*New York Review of Books*），這份刊物經常聚焦在重要的文學和歷史作品，介紹的書很多都比我平常選擇的讀物來得學術，但這對我未來的任務很有助益。

最重要的是，我開始把閱讀的觸角伸向領導學。長久以來，我一直以林肯為師，現在，我開始認識其他偉大的領導人，如老羅斯福、林登・詹森總統（Lyndon Johnson）等人。我特別對詹森感興趣，雖然越戰讓他飽受批評，但他的內政表現頗為出色，也許僅次於小羅斯福。我想了解詹森是怎麼辦到的，後來在羅伯・卡洛（Robert Caro）寫的《參議院之主》（暫譯，*Master of the Senate*）找到令人信服的答案。

我一直很喜歡讀歷史相關書籍和傳記，希望從中了解偉大城市、國家和文明發展的軌跡。現在，我則把閱讀焦點放在領導、歷史性的突破，以及歷史中的大災難上，特別是可能避免的災難。我從領導人的故事了解他們的習慣，思考他們會成功是因為具備哪些特質，看他們如何因應危機、如何面對成功與失敗，而且或許後者更加重要。①

我很少能跟同行討論領導的議題，但和這些古人「對話」能帶給我安慰與支持。畢竟，他們面臨的挑戰遠比我的更嚴酷，但還是過關了，這也是我倍感安慰的原因。顯然，一七八五年的問題必須轉化到二十一世紀，但令我驚喜的是，即使歷經數百年，人性因素依然相同，也就是動機、行動與決策。

舉例來說，情勢不利時，華盛頓還是有辦法不顧一切，領導一支缺乏補給、訓練不足的軍隊，擊退精良的英軍。他是怎麼辦到的？我發現關鍵在於華盛頓的領導特質和策略。

英軍的體制中，軍官是紳士，士兵則否，這種階級制度反映了英國社會的生活。華盛頓是富有的地主，大可在軍隊建立同樣官兵有別的階級制度。但他沒這麼做，他對待大陸軍的士兵就像同僚，而非部屬。②當然，他仍是統領大局、發號施令的人，而且每一個人都知道這點。不過，他並沒有高高在上的樣子，也不會拒絕和士兵同桌。因此，這群平民士兵願意對他誓死效忠。

文學、傳記和歷史就像實驗室，我們可以在其中驗證道理，並且學到重要的教訓，而不必承受那些痛苦和困難。別人失敗的經驗，可作為我們的前車之鑑，避免重蹈覆轍，以及了解如何東山再起。我從中學會了，最好的領導人不只是要接受失敗，為失敗負責，還必須努力轉敗為勝。

華盛頓在長島會戰和曼哈頓戰役中，差點被英軍擊潰，但他終究扭轉情勢。林肯在取代喬治・麥克萊倫將軍（George McClellan）前，一直讓他擔任北軍指揮官，因為眼見許多可提早結束戰爭的機會流失，他必須學習如何當軍隊的最高統帥。甘迺迪忍受豬玀灣事件帶來的恥辱；詹森因為越戰背負罵名。有些領導人能走出失敗，有些則否。我從每一個人的生平汲取不少教訓。

接受成功的桂冠很容易，但在理想的情況下，你應該要知道，為你工作的人至少也該獲得同樣的榮耀。另一方面，承認錯誤並承擔責任則是件難事，所以很多領導人才會就此誤入歧途，將失敗歸咎於部屬。這麼做不只有失道德，更會損毀你身為領導人的信譽。

身處挑戰之中，偉大領導人才能顯現真性格。尤里西斯．格蘭特將軍（Ulysses Grant）承認，他在冷港戰役的最後一個決策糟糕至極，造成上千人喪生，是他一生最大的錯誤。杜外．艾森豪將軍（Dwight Eisenhower）在諾曼第登陸前夕，已經預先寫好失敗聲明，言明這次行動如有任何失誤，都是他一個人的責任。他們的故事告訴我，如果你不能承擔失敗的責任，就不該接下領導人的位子。

我也從閱讀中學到，偉大的領導人不會犯同樣的錯誤。更重要的是，當他們再次面臨類似的情況，早就從前一次失敗汲取教訓，制定好新的成功策略。領導人會從各個角度分析敗因，直到他們對失敗的領略，遠勝眾人對他們成功的了解。這不是內疚或自責，而是學習下次如何才能做得更好。我從這些領導人對自己失敗的分析中，看到同一種模式：他們用科學家那樣好奇的眼光看待失敗，並且進行實證分析，了解到底是哪裡出錯？可以改變什麼？如何沿著學習曲線走向成功？我從中學到的是，所有領導人都必須以謙卑、勇氣和智慧面對失敗，不只是總統和軍官，科學家、執行長、創業家也必須這麼做。

我曾問艾薩克森，他為愛因斯坦、賈伯斯和富蘭克林等偉人立傳時，為何要把傳主的缺點寫出來。他說：「我想表明，人儘管有缺點、曾經失敗，還是可能變得非常成功。」是的，我們都有性格缺陷，也都會犯錯，重要的是，你如何避免錯誤、接受失敗，然後從挫折中站起來，繼續往前走。

我在紐約校區計畫受挫時（見第五章），不讓必勝之心凌駕現實，及時退出。我第一次提出擴大招生計畫也沒能成功（見第六章），因為我沒能說出讓人信服的理由。我得到教訓，因此幾年後再度提出計畫時，決定改弦易轍。

探索偉大領導人的成敗之後，我就能從更廣大的脈絡，看待自己的失敗。我發現不是只有我會失敗，失敗本來就是領導之旅的一部分，因此我很坦然，很快就能從失敗中站起來。

我也用自己的錯誤當成教材，向學生講述創建美普思的故事時，特別提到我因為經驗不足而犯的大錯。我們三位創辦人都是年輕又資淺的博士，完全沒有商業經驗，雖然我們的技術成功了，但在公司沒有決策權，因為我們放棄了董事會的創辦人席次。因此，關於重大事項的決策，董事會完全不管我們的意見。他們的決策雖然沒害公司倒閉，但公司發展因而減緩，首次公開募股所需資金，因此增加了二千萬美元左右。這是我最大的遺憾，因為我們所犯的錯誤，使得所有權被稀釋，員工為公司做牛做馬，我們還要從他們的口袋掏錢。像這樣的錯誤，我們這些創辦人自此不再犯。我常分享這則故事，但願別人能避免同樣的錯誤。

最後，不管你在哪種行業、哪個研究領域、什麼樣的領導職位，只要你常保好奇心，向他人學習，就能為自己鋪好成功之路，萬一失敗，也知道如何把失敗轉化為成功的沃土。

我的圖書館

如果我在擔任史丹佛大學校長任內有任何貢獻，該歸因於我的終生閱讀習慣，特別是讀成功領導人的故事。我同樣相信，奈特－漢尼斯學者獎學金計畫的學生，能從偉大的歷史與傳記獲益良多。如果這些學生是未來的領導人，還有什麼準備工作勝過向過去的領導人學習？

本書後記列出的書單，不但對我自修領導學幫助很大，在我碰到困難時給我慰藉，也在我順利時提供了不同的視角。這份書單包括政治領袖的傳記、創新和科學發現相關的書籍、有關美國和世界史的書等。我懷抱謙卑之心分享這些書籍，我知道對我有用的不一定適合你，但希望至少這份書單能給你靈感，創建屬於你自己的圖書館。你還會發現，這份書單側重非小說類書籍，但由於我嗜讀小說，最後也分享了一些我最喜愛的小說家。

第 9 章

說故事：溝通願景

不必解釋！先說你怎麼歷險吧，解釋太花時間了。

——路易斯．卡洛爾（Lewis Carroll）

《愛麗絲夢遊仙境》（*Alice's Adventures in Wonderland*）作者

「我說個故事給你們聽……」有一回，我們在加州圓石灘（Pebble Beach）舉行閉關會議，我對學校董事會演講，開頭就是這麼說的。我們在十七哩海景公路（17-Mile Drive）喬伊角（Point Joe）一棟俯瞰大海的小屋，一起享用美味的晚餐。最近，大學又有好消息，我們每一個人心情都很好。

由於我已經快卸任，心想在離開之前，是否還有想完成的「大事」，藉此再創高峰。過去幾個月，有個想法一直在我腦中盤旋。我已經把計畫透露給校內幾位領導人，也跟董事會主席丹寧說過，現在，我想知道董事會其他成員的反應。我知道這麼做有點冒險，也知道想要引進新想法，不能光列舉事實和數據，而是必須說故事。

於是，我開始說故事：「一百五十年前，有一位著名的英國商人，為了全世界有潛力的優秀年輕人，設立了一項獎學金計畫。後來，這項計畫非常成功，世人都知道羅德基金和羅德學者，也因此聽聞塞西爾・羅德（Cecil

Rhodes）的大名。百餘年來，羅德獎學金培育出世界級的領導人，羅德的投資帶來巨大的報酬。接下來，請看看它給我們什麼樣的人才。」我唸出下列羅德學者的名字：前駐俄大使麥克．麥弗爾（Mike McFaul）、參議員柯瑞．布克（Cory Booker）與比爾．布瑞德立（Bill Bradley）、前中央情報局局長詹姆斯．伍爾西（James Woolsey）、前國家安全顧問蘇珊．萊斯（Susan Rice）、諾貝爾獎經濟學獎得主暨史丹佛前商學院院長麥可．史賓賽（Michael Spence）、奧勒岡大學前校長大衛．酆梅爾（David Frohmayer），以及幾位傑出的作家，包括前亞斯本研究所所長艾薩克森、哈佛醫學院醫師阿圖爾．葛文德（Atul Gawande），還有哥倫比亞大學醫學中心癌症醫師悉達多．穆克吉（Siddhartha Mukherjee）。

抓住董事會成員的注意力之後，我繼續說：「各位都知道，我們史丹佛大學也應該為二十一世紀，推出類似的計畫。對女性開放，讓她們參加評選，而不僅限男性。歡迎有色人種申請，而不是只挑白人。向全世界打開大門，而非只對前英國殖民地開放。」這是百年來，羅德獎學金計畫做出的改變，但我們具有立足二十一世紀的優點，得以推出全新的計畫。

最後，我向聽眾提出這樣的願景：「有鑑於史丹佛位於西岸，具備多元性、學術品質和創業文化，請想想我們的領導人才培育計畫，在未來二、三十年，能為社會帶來什麼。」然後，我讓董事會成員置身在我的願景中：「試想，到那時我們會有多驕傲，因為我們創立了這樣的計畫，投資在這樣的未來。」

這番冒險果然是值得的。董事會成員反應熱烈，我知道接下來得找誰商量，這個人是 NIKE 創辦人、傳奇慈善家菲爾・奈特。

我知道菲爾和我一樣關心領導的問題，不只是政府的領導，而是現代社會各個層面的領導。我了解他擔心，當代很多領導人做出不智的決定。為什麼會這樣？因為他們不一定有足夠的知識、相關經驗，或是正確的價值觀。最後，我知道菲爾依然相信，創新和創業思維所蘊涵的力量，因此我有充分的理由，相信他會對下列計畫感興趣：集中培育有創造力的思想家，使他們致力於變革型領導。

於是，我飛去奧勒岡和菲爾見面。在這次談話當中，我除了以羅德獎學金的故事為基礎，還希望先做好幾項準備工作。我告訴菲爾：我們國家的領導問題很嚴重，不只是政府，還包括企業界（如福斯汽車與富國銀行造假事件）及非營利組織（如美國大學體育校隊醜聞）。當然，這些問題他早有警覺。我提到一百多年前，羅德達成的成就，然後將話鋒轉到未來，說明史丹佛打算創立的領導人培育計畫，將嚴格篩選參加者，從全球吸引最優秀的年輕人，讓他們體驗新創文化。這項計畫不限學科，我們鼓勵參與者發展跨領域思維和協作，為世界帶來真正的改變。我說：「如果我們做得夠好，如果我們夠謹慎，如果我們能好好衡量自己，也願意負擔責任，必然會有好的結果。」

菲爾答道：「給我一點時間考慮一下。」面對這麼一項龐大的計畫，沒有人能馬上一口答應，而是必須在腦中醞釀一會兒。菲爾得好好想想，這是不是他想要參與的計畫。於是，我先回史丹佛善盡職責。

一個月後，菲爾來電：「我準備好要談談那項計畫了。」我說，我們團隊可以飛去波特蘭跟他見面。「不必，」他說：「我要去你那裡了。」那次會議令人難忘，菲爾直指重點，表明願意捐出四億美元，但有兩個條件。首先，我必須和他一起掛名；其次，他要求我擔任創始主任。「如果我們能達成共識，」他說：「那就可以進行這項計畫。」

他提出的條件在我看來是恭維，但我和很多企業領導人合作過，知道這些條件帶有深層的動機：菲爾想知道我是否會完全投入，或者只是參與其中。這兩者有什麼分別？以傳統培根雞蛋早餐為例，雞只是參與，豬則是完全投入。

我卸下校長一職時身處的人生階段，對一般人來說，早就預訂好旅遊行程，以及預約打高爾夫球的時間。那麼，我是否能把自己的時間和精力，貢獻給奈特－漢尼斯學者獎學金計畫，使之開花結果？即使也許要好幾年才能看到成績？是的，我願意。

這一系列的事件，就是從說故事開始的。其實，我諮詢的第一位董事會成員，就是丹寧，他後來甚至成了這項獎學金計畫最重要的倡導人。他除了幫忙募款，還和夫人蘿貝塔創立丹寧之家，讓學子在此激發靈感、分享經驗、交換意見。

打動人心

很多偉大的行動，從社會運動到科技創新，都是從故事開始的。我們自詡是理性的生物，因此崇尚針對某個概念、想法或計畫進行定量評估，以邏輯為重。然而，真理卻在別處。

當然，事實和數據能獲得大腦的認同，但不一定能打動人心。我們也許同意某項提案，或者至少願意配合，是因為邏輯似乎無懈可擊。但是，邏輯能夠激發我們的動力嗎？這種情況少之又少，反而是某種模因（meme，編注：非經基因代代傳承的文化特徵或行為）、某項運動讓我們興奮、吸引我們，或是讓我們覺得有價值，所以才會跟著一起做，才不管邏輯。

因此，如果你真的想激勵團隊採取行動，最好用故事打動他們。一旦他們受到感染，想像自己成為你的願景的一部分，接下來你就可以用事實和數據，為你的故事背書。

當然，你要帶領團隊往新的方向前進時，手邊也許沒有任何事實或數據，只有計畫。不管你想要打造新產品、創建新的教育機制，或是啟動新的研究計畫，你可能還沒有充足的資料可以分享。

但是，你有夢想。你可以把你的夢想，變成一則生動、吸引人的故事，讓人願意加入你的行伍，與你一起實現夢想。儘管他們知道可能會失敗，依然願意不計報酬（至少一開始報酬不會太好），與你一起奮鬥。他們大可找輕鬆的事情做，但他們想跟你一起做大事，貢獻一己之力，成就大我。如果他們相信你，就會跟著你踏入新的領域。①

你無法用圓餅圖或ＰＰＴ簡報為號召，你必須挑起別人的渴慕之心，激發他們的想像力。你得與人分享你的願景，讓人對你無可抗拒。

使願景變成故事

我和同事一起為史丹佛發展策略計畫時（見第七章），找到一個主軸：以這個世界最重要的問題為核心，進行跨領域研究與教學。這項計畫就是主要募款活動「史丹佛挑戰」的基礎。為了尋求捐款人支持，讓他們相信，我們能達成這項計畫的使命，我們需要故事。我們必須向他們表明，我們的跨領域團隊能合作無間，運用各方面的人才，解決重要而實際的問題。所幸，克拉克支持的「Bio-X」，正是這種跨領域合作的原型，同時提供了一則很棒的故事。

我們利用克拉克的捐款，設立了「種子創投基金」，支持早期階段的跨領域研究。這也是「Bio-X」計畫的一部分，參加的教職員來自不同學科，彼此都是第一次合作。其中一項研究計畫，來自化學工程與眼科協力發展的人工角膜研究。在西方，角膜移植的材料來自大體，但是在發展落後的國家，或是飽受戰爭蹂躪的地區，這樣的解決措施無用武之地。因為，角膜受傷的患者（包括美國士兵）遠多於捐贈者。

於是，這支跨領域團隊，想出一套新穎的解決辦法，並且獲得了大量資金支援後續研究。他們開始進行動物實驗，做為人體試驗的前奏。他們的研究顯現出，跨領域合作可以創造奇蹟，讓受傷的人重見光明。我們在為「史丹佛挑戰」尋求支持時，就是用這則故事來做宣傳。

史丹佛校史本身就是一部精彩的故事書：加州鐵路大亨賢伉儷為紀念早夭的愛子而設立了大學；一九〇六年大地震；我們有無可匹敵的體育成就，連續四十二年，每年至少贏得一項全美大學體育協會錦標賽冠軍。史丹佛有很多讓人津津樂道的故事，都和矽谷有關，因為它的根就在史丹佛。

弗烈德．特曼教授（Fred Terman）是史丹佛教授之子。一九三〇年代早期，他是密西西比河以西，進行電學研究的第一人。他的實驗室座落在史丹佛大方庭後面，吸引了美國最優秀的電機工程人才，好幾代的工程師、固態物理學家在這裡發展，接著出現的是電腦科學家，集結成龐大的研究社群，包括史丹佛工業園區（這個園區也是特曼創建的），進而推動數位革命。今天，最主要的創投社群，就在史丹佛校園附近，這絕非巧合。

這些事件當中有數百則故事。每年，我看著新鮮人踏入本校，像朝聖者般參拜比爾．惠立（Bill Hewlett）和大衛．普克的實驗室、瓦里安兄弟（Russell and Sigurd Varian）打造速調管（雷達）之處、楊致遠和大衛．費羅（Dave Filo）開創雅虎之地，以及布林和佩吉創建Google的地方。人人都知道這些故事，因此很多學生來史丹佛胸懷大志，希望自己也能成為偶像級的創業家。容我改編音樂劇《漢彌爾頓》（*Hamilton*）其中一句台詞，他們想踏入「那個發生大事的校園」。

這些故事一直活在新一代發明家和創業家的想像裡，導引我們的願景，讓我們思考，如何整頓孕育新科學及工程學的方庭。我的首要目標是，以「Bio-X」計畫的成功和克拉克中心為基礎，擴建四棟全新的跨領域工程及科學大樓，進行前瞻性的思考，如奈米科學、生物工程、環境科學與工程學，以及我們的創業計畫等。我希望有人能受到此願景的啟發，願意提供捐款，更具體來說，我希望找到願意大力襄助的創業家，並以他們的名字為這四棟大樓命名。

令人慶幸的是，我們完成目標了。這四棟大樓容納的教職員，大概來自十個不同系所與學程，其中也有空間讓學生合作和進行計畫。此外，人人都可在此見證本校的傳奇歷史。以工學院為核心的那棟大樓，地下室展示的車庫，就是根據惠普當年創業的車庫複製出來的，包括一張工作臺，和他們做出來的第一個產品。為這四棟大樓捐贈巨款的創業家分別是：NVida的創辦人黃仁勳、史丹佛電信的創辦人吉姆．施畢克（Jim Spilker）、雅虎創辦人楊致遠，以及Google的創始董事會成員蘭姆．施禮蘭（Ram Shriram），他們都是與史丹佛息息相關的成功創業家。當現在和未來的學生走過這個方庭，就會聽到新一代創新者的故事，而他們的成就是建立在惠立和普克多年前打造的基礎之上。因此，我們的故事會繼續吸引、激勵未來的偉大創業精神。

當然，我們也曾失敗。例如，我曾努力為一棟新的科學大樓尋找捐贈者，儘管有幾位人士似乎有意願，最後還是沒成功。在這種情況之下，我們必須做出艱難的決定，如果決定繼續建造大樓，必須承擔額外的債務，分三十年攤還。我了解同事必然會很失望，因為，他們要是不忍痛放棄這棟大樓，就會遭到債務負擔拖累，必須忍受嚴格的預算限制。

商業界也需要好故事

吉姆．柯林斯（Jim Collins）和傑利．薄樂斯（Jerry Porras）在《基業長青》（*Built to Last*）一書，讓人看到商業故事的力量。他們研究了十九家不斷創新、屹立不搖的公司，發現每一家公司都有豐富的故事和傳說。例如，普克曾頒獎給一位產品經理人，因為他違逆普克的命令，執著於新產品的開發案，結果證明自己才是對的。這能讓公司持續創新、獨特，而且具有共同目標，使新員工能融入公司文化。柯林斯和薄樂斯發現，在因應挑戰之時，這些公司行動迅捷、效率十足，因為每一位員工都了解公司的特質，即使無人指導也知道該怎麼做。

在新創公司，故事也扮演重要的角色。畢竟，新創公司尤其需要說服投資人、可能成為公司員工的人，以及未來的顧客，讓這些人相信自己。一般而言，新創團隊還沒有產品，有時產品甚至不是實體的東西，如社交平台或是手機應用程式。所有的創辦人都懷抱一個可能成真的夢想，但要如何傳達給潛在的股東呢？答案就是故事。精采、讓人信服的故事，佐以本身就是故事的事業計畫，這才能使夢想成真。

你或許覺得我太誇大，區區故事不可能這麼神奇吧。然而，就我的經驗而言，夢想常常有自我實現的力量。如果有夠多人為你的夢想買帳，它就會實現。賈伯斯說，他要創造出人人都買得起的個人電腦（以及歌曲播放器、平板電腦和智慧型手機）。我們相信他的話，他也做到了，而且每一次都賺足資金，得以支援下一個夢想。佩吉和布林致力於「統整全世界的資訊，使人人都可以檢索、使用」。伊隆・馬斯克（Elon Musk）的夢想，則是改革汽車製造產業，讓電動車大眾化。我們相信了，他們也達成目標了。

我認為，在任何專業領域或職涯階段，當我們攀升到更高的領導職位，事實和數據扮演的角色，反而愈來愈不重要。當然，我們必須考慮事實設下的限制，但我們的任務是突破事實與數據的限制，為複雜的問題找到解決方法。我們將愈來愈關注新的可能性，並創造願景實現這些可能。的確，事實與數據將決定計畫的架構，但願景是超越事實和數據的。

不管你的職涯領域為何，是科學研究、行銷、銷售還是其他專業，當你成為領導階層，你的技術能力會變得愈來愈不重要，而數據也只是一種工具。你要發展的能力是凝聚團隊、激勵他們、指導他們，帶領他們走向你的願景。在這個階段，你會發現，最重要的技能就是講述一針見血、令人信服、能鼓舞人心的故事。

蒐集故事

故事從哪裡來？答案不是只有一個。如果你所屬的公司或機構歷史悠久，必然會有豐富的故事，而且只要一則適當的故事，就幾乎適用於任何場合。

新創公司或是剛創立不久的公司，也能引用其他公司的故事。矽谷無數公司，甚至包括蘋果，都曾在創立之初借用惠普的故事。半導體公司則愛傳誦英特爾創辦人的故事：衝勁十足的執行長安迪·葛洛夫（Andy Grove）、足智多謀的高登·摩爾（Gordon Moore），以及善於振奮人心的鮑伯·諾宜斯（Bob Noyce）。近期很多著名的新創公司，例如特斯拉（Tesla）和LinkedIn，則喜歡講述自己的歷史，與創辦人當年創立PayPal的傳奇。此外，歷史書籍也有無數可用的故事。其實，你的競爭對手也有很多精采的故事。儘管我有一籮筐關於史丹佛的故事可說，我也很愛提到哈佛大學一位牧師的故事。

彼得・高慕思（Peter Gomes）曾擔任哈佛紀念教堂的牧師多年。某個週末，我們請他來史丹佛，在大學部畢業典禮上演講。他給畢業生的建議是：「你在這裡的目標不是謀生，而是讓你的人生有價值。」接著，他看著眼前的學生，與後排的家長，引用哈佛前校長勞倫斯・羅威爾（A. Lawrence Lowell）的話：「真正的成功不在於我們準備去做的事，也不在我們希望做到的事，甚至不是我們一直努力做的事，而是去做值得做的事。」在人山人海的畢業典禮上，我看見他的話語飄過畢業生頭頂，降落在家長心裡，促使他們點頭回應。畢竟，他們的人生已走過大半輩子，自然能夠心領神會。然而，大多數的學生雖然都很聰明，但還是太年輕了，無法領悟這番話的真意。

你可能猜到了，我在向史丹佛校友募款時，經常講這則故事。當然，史丹佛是他們的母校，對學校自有一份情，但光是這點不足以打動他們。畢竟，關於金錢的運用，人人都有自己的想法，可能用於個人支出、投資做生意或是慈善捐款。既然已經有很多富豪捐錢給史丹佛，為什麼他們應該慷慨解囊？

我大可拿出圖表、各種獎項列表給他們看，但這只是在強調他們早已知道的事實：史丹佛是全世界最偉大的大學之一。最後，他們決定捐款的關鍵就在故事。例如，我們為獎學金募款時，會請現在的學生述說自己的故事。因為，如果是在二十年前，這些學生由於家境貧窮、生長在單親家庭，或是家裡沒有人上大學，根本不會夢想要上大學。在一場大學部助學金計畫募款活動上，一位董事會成員分享了自己的故事：她是在芝加哥長大的，母親在別人家裡當幫傭養家。她的鞋底破洞，母親就幫她塞塑膠袋，好讓她能走路上學。由一位傑出、有成就的人講述這個故事，充分顯現高等教育的力量。這不是任何一張圖表能做到的。

蒐集故事時，你可以從日常校園生活的素材著手，從中發掘令人改觀的意象。不論是無家可歸的年輕女性到史丹佛就讀，或是一項有遠見的研究，以及它的可能運用範圍。如果你仔細聽，每天都能聽到好幾次類似的故事。

我上任校長不久，適逢伊札克．帕爾曼（Itzhak Perlman）到訪史丹佛舉辦小提琴獨奏會。地點在本校紀念堂的綠廳，這棟建築正如其名，是一座禮堂，不是演奏廳。於是，帕爾曼跟我說：「校長先生，史丹佛是一所很棒的大學，但是卻沒有像樣的演奏廳。」

他說的沒錯，所以我在推動重要的藝術計畫時，經常講這則故事。後來，董事會前主席彼得．賓恩（Peter Bing）站出來，為新的音樂廳出錢出力。他是本校任職最久的董事會成員，不但捐贈巨資，還關心音樂廳的種種細節，如音響效果、設計與設施是否舒適，足以成為一流的表演場地。二〇〇八年遭逢金融風暴的衝擊時，我們一度必須決定是否延遲這項計畫，或是乾脆就此取消。

不過，有幾位董事會成員相信藝術的力量，也為賓恩投注的心力感動，因此願意幫我們完成計畫。如今，賓恩音樂廳已是最精緻的中型校園音樂廳。

當然，故事一說再說有個缺點，就是很多人都聽過了，故事本身失去新鮮感，在這不斷變動的世界，很容易失去說服力。這也就是為何我們必須時時豎起耳朵、睜大雙眼，尋找新的故事。

在學術界，學校公關室和校友雜誌，是故事的絕佳來源，你可從中聽到最新或是前所未聞的故事。然而，更有效的做法則是到校園走走，走出辦公室，跟學生、教職員聊天，你必然能聽到好故事。在商業界，公司通訊刊物、網站和雜誌都是寶貴的來源。你不妨去商展或其他業界的聚會走走瞧瞧，不過，和在學術界一樣，有時，最好的故事來自和員工的閒聊。

當然，你不必急著把聽到的每一則故事寫下來。更重要的是，你必須打開耳朵，留心別人講述的軼事、教訓或是有啟發的故事。有機會則記下重點，或是記住是誰說的，日後再向對方查證細節。身為大學校長或公司執行長，你的目標是經常更新腦袋存放的故事，不管在什麼場合都能用故事打動人心，特別是即席演講的時候。

同時，你得多多練習說故事的技巧，特別是必須向聽眾推銷你的願景時。盡可能讓你的故事生動，讓聽眾感同身受，他們才願意加入你的陣容，幫助你改變世界。

奈特－漢尼斯學者獎學金計畫第一屆學生，預計在二〇一八年秋季到史丹佛就讀。屆時，本書已經出版。走筆至此，我們正在審查三千六百名申請人提交的資料，準備錄取五十人。別忘了，這項計畫就像很多改變世人生活的創舉，也是源於一則故事。

第 10 章

遺澤：這一生，你想留下什麼？

利用生命的最佳方式，
就是把時間花在比生命更長久的事情上。
——據說出自心理學家威廉・詹姆斯（William James）

我還記得，第一次有人問我想要留下什麼遺澤，是在二〇一五年的夏天，我剛宣布將在下一學年結束，辭去校長的職務。那時，我們在討論歡送會，以及為過去十六年的成就撰文。

說實話，在卸任之前，我未曾想過這個問題。盤據在我心中的，一直是如何以真誠和道德來領導，與史丹佛社群建立信賴關係，如此一來，即使在我卸任之後，史丹佛依然能夠不斷進步。

為了達成這個集體目標，我們必須強調、投資在好的計畫上。因此，我們努力擴大獎助學金的規模，讓未來更多學生能獲得學費補助。我們以同樣的標準，選擇要從事的跨領域研究，最後把焦點放在環境的永續經營、國際事務與人類健康。這些領域不只是在未來十年，甚至在未來五十年，都是我們即將面臨的重大挑戰。

簡而言之，我幾乎沒想過會留下什麼。我一直忙著建設，希望成果能禁得起時間的考驗。所以，有人在二〇一五年問我想留下什麼的當下，我有點遲疑，不知道該怎麼回答。我的直覺告訴我：「要謙卑，讓別人來讚美你。」老實說，思考我們達成的成就時，我同樣掛念還沒完成的事。

把焦點放在最重要的事情上

我想，你可能在職涯第一天，就開始思索自己想要留下什麼。當然，考慮行動與決定的長遠影響，能帶來有益的效果。至少，你自己會反省，哪些做法可能是不道德的。行事謹慎自然不易誤入歧途。然而，如果過度看重自己能留下什麼，不但會限制職涯發展，甚至可能損害名譽。太在意最後成就，就可能不願冒險。北軍指揮官麥克萊倫就是一個例子。儘管他受士兵愛戴，卻因為害怕打敗仗而不願冒險，林肯不得不將他解職。事實上，他根本是極盡全力逃避戰爭。此外，如果為了留下樂善好施的好名聲，行善的動機卻是為自己建立良好的形象，而非真正關心別人，反而很有可能落得相反的評價。領導人如畢生致力於服務，自然會留下遺澤；只是在攝影機前做做樣子的領導人，就會留下「矯情」的名聲。

在你的職涯早期，應該努力把工作做到最好，培養技能、累積經驗、學習獨立作業與團隊合作，談遺澤未免言之過早。因為沒有人知道，之後會出現什麼樣的機會。以我個人而言，在我還是工學院的學生時，志願就是當電腦工程師。有幸當上教授，是我至高無上的快樂。但是，創業機會在我眼前顯現時，我還是掌握住了。後來，我當上院長，這才發現自己擁有領導的潛能，因此接下來成為教務長和校長。現在，我已經六十幾歲，卻有了新的角色和使命：負責奈特－漢尼斯學者獎學金計畫。

如果我在二十五歲、四十歲或是五十歲時，就忙於維護聲譽，避免冒險呢？那我就會錯失在矽谷創辦新創公司的機會，我會婉謝教務長的職務，也會因為在意校長任內建立的聲譽，不願推動新的計畫，因而得到「毫無建樹」的名聲。反之，我從不過度擔心，或早早就開始煩惱自己會留下什麼，如同往常，我只選擇當下，一心一意做出有意義的貢獻。年輕時，我不沈迷於建立形象，年紀大了，也用不著費盡心思維護聲譽。我希望做一個有影響力的人，使這個世界變得更好，這似乎是最好的人生策略。

因此，我的行為方針不是為了留下遺澤，而是善用有限的時間、精力與資源。我認為這是機會成本的兩難，機會成本就是你的時間、精力和名聲，也就是如何利用自己的地位，執行最重要的事。如果你想創造最大的福祉，就得經常問自己：如何有效利用時間和地位？

當然，如果你是最高領導人，背負極大的責任，有很多因素不在掌控的範圍內。萬一爆發醜聞，或是重要計畫失敗了，你可能必須負起責任。憂心於這些事件的領導人，將會變得無所作為。因此，你必須專注前進，思考如何改善組織？如何領導機構往不同的方向走，對世界產生正面的影響？

對我而言，「史丹佛挑戰」就是正確的方向。我們藉由這項行動方案改良研究和教學，支持針對全球重大挑戰設立的跨領域研究計畫。我們花了十年的時間計畫、執行，我不得不集中注意力，關心真正重要的事情。那就是在我卸下校長的職務時，史丹佛大學將比我上任時更上一層樓。

在我看來，遺澤的意思是，你的所作所為能使別人受益。如果你是機構的領導人，遺澤的意思是，在你服務的任期之內，機構有具體、明確的進步。也就是說，比起你上任之初，機構現在的服務效能更好。我對遺澤的定義，適用於所有類型的組織、組織中的每一個人，以及各個階層的領導人。

你的角色與遺澤

不管何時，你在組織扮演的角色，大抵決定了你的遺澤。如果你是教授，部分遺澤會是你的研究，而且至少會延伸到它對世界及其他學者的影響。但是，你最主要的遺澤，還是自己教出來的學生。所以，在學術界，我們常說學生是我們的「徒子徒孫」，這指的是我們教的學生，以及他們當了教授後所指導的學生。

在學術界，教授屆臨退休之際，我們通常會為他出版文集，作為他留下來的遺澤。我們也會舉行一系列的研討會，有時是全天的會議和晚宴。慶祝活動的高潮，就是以前教過的學生和共事過的同事，談論教授的研究與指導。

史丹佛也會表揚，幫助學生發展的高中教師。每年，工學院畢業班成績排行前五％的學生，可獲得特曼工學院優秀成績獎（Frederick Emmons Terman

Engineering Scholastic Award）。得獎學生可以邀請，影響自己最深的高中老師參加頒獎典禮，車馬費則由史丹佛支付。我曾是得獎人的指導教授，也曾任職工學院院長，必須擔任頒獎人，因此我參加過五、六次典禮。每次在場，我都十分感動。有一次，參加盛會的一位老師拿照片給我看。那是她在任教的學校拍的。她把史丹佛大學寄給她的邀請函，貼在教職員餐廳的布告欄上。她很自豪能告訴大家，她的學生希望與她分享榮耀，史丹佛大學甚至願意為她支付車馬費。

我們請這些老師上台發言時，他們都很謙虛，說道他們知道學生有多優秀，學生有這樣的成就不是自己的功勞。學生則提到老師如何啟發、激勵他們。特別值得注意的一點是，這些老師教的科目都不同。如我們所料，其中有物理、電腦、數學老師，但是也有外語（通常是拉丁文）、英語老師或辯論指導教練等。這提醒我們，人文學科教師對理科學生的影響力，同樣不容小覷。

這個活動要對與會老師傳遞的訊息是：這就是你們的遺澤，你們啟發的學生都是將來要做大事的人。其實，這個獎項是一位傳奇的教授創立的，而且也是以他為名，他曾擔任本校工學院院長及教務長，甚至把自己寫的教科書版稅捐給史丹佛，才能創造如此優良的傳統。

當然，史丹佛大學本身也是前人德澤之賜。每年，我們在創辦人紀念日感謝史丹佛夫婦，因為他們的慷慨與大愛，才有這所學校。我們總會為這一日舉辦寫作比賽，從大學部和研究所各選出最優秀的一篇，在慶祝儀式中宣讀。

有一年，上台朗讀文章的，是史丹佛第一位來自蒙古的學生。她是國際政策研究的研究生，正在研究民主政體的建構，希望回到蒙古之後，能促進蒙古走向民主。她上台之後，先講述自己的故事，然後說：「站在這裡的我，很想知道，如果史丹佛夫婦也坐在聽眾席上，他們會說什麼？他們能想像，一個來自半個地球外的女孩，來到這所大學，計畫學成之後，在家鄉促成民主的發展嗎？」她提醒我們，我們的行動留下的遺澤源遠流長，影響所及超越想像。

時間洪流裡的遺澤

當你從職涯的起點出發時，並不知道自己會走向何方，當然也不會想到要留下什麼。不過，你應該會很在意自己的聲譽。以學術職涯為例，早期，有位教職員知道，發表論文或報告很重要，因此只要有一點發現，就會努力投稿，希望通過編輯審查，順利登上期刊。建立可靠的聲譽之後，她不再一有發現就急著發表。在這個階段，她反而會這麼想：「你知道嗎？也許我可以發表這份研究，我的名字在上面，文章已符合最低標準，但是，這樣做不能提高我的聲譽。」這位教授了解，無論如何，以她的成就而言，世人能記得的有限，因此何不讓人記住她最傑出的表現？

像林肯這樣的偉人，我們記得他打贏內戰、廢除奴隸制度，但常忘記他簽署了《公地放領法案》（Homestead Act）、《莫里爾法案》（Morrill Act，又稱土地贈予法）和《縱貫鐵路法案》（Transcontinental Railroad Act）。這三項法案，促成西部的發展。由於他的主要功績顯赫，這些成就也就容易被人遺忘。因此，在思索你要留下什麼之前，你必須深謀遠慮，把焦點放在特出、有長遠影響的行動上。

雖然我們常認為，只有組織的最高領導人能有這種超凡的表現，事實上，組織裡的每一個人都能有貢獻。林肯能打贏內戰，作戰部長愛德華・史坦頓（Edward Stanton）和格蘭特上將都是關鍵人物。查爾斯・莫里爾（Charles Morrill）提出的土地贈予法，儘管曾遭林肯的前任總統富蘭克林・皮爾斯（Franklin Pierce）反對，他依然努力不懈，終於在林肯總統任內過關。就算史坦頓、格蘭特與莫里爾，不一定在史書上列為偉人，但他們的貢獻也是林肯遺澤的一部分。

我們很難預測，哪一項行動的影響力最大、最長久。大多數領導人的任期長達一、二十年，他們也不知道自己最終會走向何方。我剛走馬上任史丹佛校長時，當然知道助學金有多重要，但卻想不到，有一天我們能許下承諾，大幅增加大學部獎助學金的規模，幅度達到創校以來之最。我也不知道，我們能提出並且完成重要的計畫，提升史丹佛的藝術水準。不只前方的路無法預測，我們同樣無法預測，別人會怎麼看我們所做的貢獻與努力。再者，在物換星移之下，社會對一個人的評價，也會有所轉變，不論好壞。例如伍德羅．威爾遜總統（Woodrow Wilson），在第一次世界大戰期間，因建立國際聯盟，被視為能幹堅強的領導人，青史留名；近年卻被揭發，他是個惡劣的種族主義者。我不由得想起，林肯在蓋茲堡演說中說的一句話：「我們在這裡說過什麼，這個世界幾乎不會注意，也不會永遠記得。」但事實剛好相反，足證未來難以逆料。

幫助他人創造遺澤

不管你在組織之內擔任哪個階層的領導角色，都能幫助他人創造遺澤。大學可以給教授和學生機會，締造百世流芳的成就，企業以及其中的領導人，也能支持員工留下長遠的貢獻，造福世界。

身為大學校長，我有獨特的優勢可以幫助校友，在史丹佛留下影響長遠的遺澤。我們有很多校友事業登峰造極，但他們表示自己能有今天，有一部分可歸因於在史丹佛求學的日子。因此，他們想要回報學校。有些人會認為，留下遺澤就是把名字留在學校的一棟大樓上，但與我合作的校友，更希望能長長久久，為下一代的師生提供更多的機會。

為什麼這些校友的人生如此成功，還會在意自己留下什麼遺澤？他們經營或投資大公司，早已經功成名就，為什麼還想要要求更多？我認為有兩個動機：一是想要回饋，另外則是希望建立得以長久流傳的遺澤。在商業界，特別是在矽谷，一家公司今天身價數十億美元，執行長的臉還出現在《富比士》（*Forbes*）的封面上，可能明日就瓦解了。公司領導人的任期頂多一、二十年，他們登峰造極之後，常會問自己這樣的問題：以我現在的條件，有錢、有人脈，也有精力，我這一生還能做些什麼？為什麼不積極去改變什麼，讓這個世界變得更好？

以某人的名字為大樓命名，真的能促成改變嗎？至少，優良的設備有益於展開突破性的研究，改善人類的生活。像史丹佛這樣的大學，坐擁世界頂尖的師資和學生，必定要有更進一步的轉變，特別是在科學和工程方面，為此則需要最先進的設備。當然，建築物不可能永久存在，除非有人設立基金維護、汰舊換新，就像丹寧夫婦為丹寧之家做的。

我當上校長後才知道，人們都在意自己留下什麼遺澤，只是做法各有不同。惠立和普克致力於提供最好的設備，支持學生與資助新計畫。至於為大樓命名一事，他們表示自己這麼做，都是為了感念恩師兼導師特曼。後來，工學院方庭前面的兩棟大樓落成，由於惠立和普克皆已過世，本校決定以兩人的名字，為這兩棟建築命名，也得到雙方家族的同意。

有些人和惠立和普克一樣低調，不願留名。思科（Cisco）前執行長約翰·莫格瑞茲（John Morgridge）和夫人塔夏，捐贈巨資給史丹佛蓋大樓、延聘教授，以及作為學生獎學金的資金來源，至今卻不願把名字留在任何一棟建築物上。其實，遺澤不一定得具名。每當我到訪佛羅倫斯，最喜歡靠近大教堂，細看大理石上雕刻的複雜圖案：美麗的甲蟲、蝴蝶、花朵、無花果葉。為了雕刻這些圖案，工匠不知花了多少時間在上面，但他們並未署名。沒有人知道工匠的名字，但他們的作品一直保留下來，直到八百年後的今天，世人仍為之讚嘆。

擔任校長時，我和任何非營利組織領導人一樣，工作的一部分是幫助富豪決定如何行善。我透過兩個目標來執行：一是讓他們了解助人之樂，另一則是給他們機會，發揮影響力，幫助他們完成心願，留下遺澤。

賓恩音樂廳（見第九章）和安德森美術館（見第六章），就是提升史丹佛藝術地位的兩大步。然而，我們的藝術系所座落於一棟老舊大樓，建築沒有特色，空間也日益窘迫，學生對藝術工作室的需求日漸增加。我們需要對藝術和史丹佛有心的捐贈者，幫助我們蓋一棟大樓，得以突顯視覺藝術的重要性。

有一次，我和創投家伯特．麥默崔（Burt McMurtry）夫婦，有機會一起搭五個小時的飛機回加州，我決定趁機探詢他們的意願。他們了解，這棟藝術院所的新大樓，將成為史丹佛藝術殿堂中的一顆寶石，與康特藝術博物館（Cantor Art Museum）、安德森美術館和賓恩音樂廳為鄰。他們也知道，這棟新建築將使學生發揮創造力與想像力。麥默崔夫婦很動心，決定贊助計畫，並交由迪勒－史柯賈狄歐－蘭弗若事務所（Diller Scofidio + Renfro）操刀設計。今天，麥默崔藝術大樓不但展現當代建築的活力，也是我們校園中的里程碑，代表麥默崔夫婦對史丹佛、學生及藝術的熱情。

我從擔任工學院院長、教務長乃至校長，這二十年間，參加過許許多多的典禮，表彰捐贈者的遺澤，例如贊助建設大樓、資助基金教授席，以及捐款支持新的研究和教育計畫等。每一次，我們都會告訴捐贈者，全校師生都受惠於他們的善舉，受到嘉惠的不只現在的學生，還包括未來一代又一代的學生，這是真正的遺澤。這樣的夜晚總是在微笑、擁抱和感激中結束，捐贈者的喜悅溢於言表，我們也了解自己終究不負使命。

抽身放手，選擇下一步

我們都知道，運動員如果占著位子太久，技巧就會衰退，聲譽也會下滑。

因此，我希望在最高點急流勇退。二〇一二年，第二次募款活動結束時，我已經萌生辭職的念頭。畢竟，「史丹佛挑戰」計畫已大功告成。我們不但按時完成，甚至超出募款目標四〇％。更重要的是，我們募得的資金改變了學校，增加大學部和研究所學生的助學金；工學院所周遭幾棟破舊的大樓，由美麗的方庭取而代之；新美術館帶來豐富、寶貴的館藏；我們有一座美侖美奐的音樂廳；藝術院所的新館也啟用了。此外，我們還針對人類社會的重大挑戰，提出因應的計畫，包括醫療保健、環境永續經營，以及全球的和平、安全與發展。

這時，很多朋友和同事都認為我該功成身退，擔心我多當一天校長，會增加醜聞或爭議出現的風險，影響我的聲譽。其實，我倒是不擔心這樣的風險，教我掛念的是，確認這些轉變能長期發展、茂盛繁榮。在未來幾年，有些計畫仍需緊盯著。同時，我需要時間想想，接下來要做什麼。我希望自己在史丹佛的最後一幕演出什麼？

我琢磨著退休計畫。卸下校長的職務後，我當然可以做研究，但我沒有明確的方向。我也可以教幾門課，或許繼續擔任幾家公司的董事，還可以遊山玩水。悠哉悠哉、無事一身輕，這樣的生活的確很吸引人。但我的友人、前麥肯錫（McKinsey）董事比爾．米漢（Bill Meehan）點醒了我。他說，這種悠遊愜意的生活，滿足不了我，建議我利用時間做大事。這番話引發我創立奈特－漢尼斯學者獎學金的靈感（見第九章）。

我打算辭職，然後擔任奈特－漢尼斯學者獎學金計畫創始主任，我的決定引出一些耐人尋味的問題。首先，如果我已屆退休之齡，開創這項計畫不會太老嗎？如果我四十五歲，可能認為自己沒問題，因為我有精力、有時間，也有經驗。但我今年已經六十五歲，不免懷疑自己有足夠的體力嗎？身體能一直保持健康嗎？我是否想要再度進入新創事業模式，為了成功卯足全力？或者想要在自己的專業領域扮演顧問角色，與人分享得來不易的智慧？

這其實是場取捨交易，當你還年輕，體力相較充沛，但隨著年齡增長，技巧、能力與智慧也跟著增加。你將遇到的問題，以前早就經歷過，而你知道自己能度過難關。因此，你可以節省大把時間、金錢與精力，這是年輕的你辦不到的事。而且，在我看來，沒有什麼比新創事業更令人興奮的。

不過，我把奈特－漢尼斯學者獎學金計畫視為新創事業，帶來另一個問題：我願意冒失敗的風險嗎？有些人年紀愈大，愈想保護自己的聲譽，害怕失敗。還有一些人年紀愈大，愈不在乎失敗，仍願意為了新的機會豁出去。我個人屬於後者，因為我會用科學家的眼光看待新計畫，評估成功的機率有多少，以條理思索整個過程。我會問自己：我要如何測試這個想法？因此，我們向人請教，他們對奈特－漢尼斯學者獎學金有何看法，對象包括各學院院長、董事會主席丹寧，以及幾位校外人士，然後問更多人的意見。最後，我們對一群可能會捐款支持的人說明計畫。我刻意讓其他人為這項計畫提出更好的點子，以運用更多人的智慧和專業，讓他們也能成為功臣。到這個階段，我決定全力投入。

有人曾問我，身為大學校長，《聖經》對我的工作有何影響？我立即想到一則與金錢有關的寓言故事。故事裡，主人把錢交給三位僕人去做投資，第一位僕人把錢埋在地下，回來後被主人責罵了一頓。另外兩個人把錢拿去投資並且因此獲利。重點來了，如果你拿到資源，如果你有機會，你會怎麼利用？你可以從這個問題開始：我這一生要怎麼做，才能發揮影響力？如此一來，你的遺澤自然會依循你的行動而來。

如果你真的希望世人記得你，就得做影響深遠的事，千載流芳。在我擔任校長任內，我的團隊看到學校蓋了很多新大樓。這會帶來正面的影響，但大樓不會永存，運動鞋製造公司也不會永遠屹立不搖。我和奈特都知道這點，彼此相知相惜，懷抱共同的願景，希望培養新一代的領導人，讓他們在這個世界留下印記。現在，我們已經召集一支團隊，正在為這項目標努力。

雖然這項計畫看起來很冒險，但我一直都清楚，承擔風險有其必要。例如，二〇一七年秋天，我們審查第一屆獎學金申請人的資料時，我看到好幾個人似乎能實現我們的願景。有幾位學生已經是成功的公益創投家，還有一些申請人則致力於人權、終止核武擴散，或是在世界最貧窮的地區創造經濟成長。

那天，菲爾．奈特剛好來學校找我。我們一起看了不少申請人的資料，也看到這項計畫的潛能。我們不只對未來一、二十年的收穫有信心，還可以預見好幾個世紀之後的發展。在我看來，世人是否能記得我的貢獻，根本無關緊要。重要的是，這一路上，我們能幫助多少人。

結　語

打造未來，讓世界變得更好

太好了，我們不用等待，現在就可立即著手慢慢改變這個世界！

——安妮・法蘭克（Anne Frank）

《安妮日記附編》（*Tales from the Secret Annex*）

二〇一八年秋天，第一屆奈特－漢尼斯學者獎學金得主，將踏入史丹佛大學，在嶄新的大樓裡求學，由全新一批職員管理。我們也從全校各系所，找來備受尊崇的教授來指導他們。他們將有全新的機會，發展為變革型領導人。所有參與這項計畫的人，都會有很多全新的體驗。

走筆至此，已是二〇一七年十二月，史丹佛深秋，舊金山灣岸秋意深濃，小雨飄飄，落葉紛飛，但並無寒意。我剛為新鮮人上完專題討論課，已可感受到歲末年節的喜慶氣氛。

擔任史丹佛校長這十六年，可謂我人生最充滿光和熱的時期。卸任這一年來，我覺得自己像校園裡光禿的樹木，準備重生。我一邊審查獎學金計畫的申請書，一邊關心丹寧之家的工程進度，並且為奈特－漢尼斯團隊招兵買馬。

人生總是難以預料。兩年前，我曾想像校長任期後，自己應該會很享受半退休的生活，擔任公司董事、教一、兩門課，就像一般榮譽教授或企業主管過的日子。與我同輩的人，大多正在預訂遊輪旅行，或是過著簡單的生活，然而，我卻發現自己面臨全新的挑戰。

擔任史丹佛大學校長之初，我認為這應該是我職業生涯的巔峰，施展技能最後的機會，希望能為我深愛的這所大學，帶來良好的影響。我想，自己能做的就是如此。我萬萬沒想到，這並非我生涯的高潮，反而只是序曲。

領導史丹佛大學，是我一生最大的挑戰，我仍有一些特別的優勢。這所學校歷史悠久，而且我能和一支最棒的團隊合作。如果我成功了，我的成功是建立在創始人，以及前九任校長的貢獻之上。萬一我失敗了，儘管這所學校失去了一些機會，依然足夠堅韌，可以重新挺立。不管如何，在我不知道怎麼走下去時，這所學校的百年歷史和使命，可做為我的依靠，而且我的團隊對這所大學的裡裡外外都瞭如指掌。

反之，奈特－漢尼斯學者獎學金計畫給我的挑戰，是我從創業以來前所未有的。我們就像一張白紙，我和菲爾．奈特所有的，僅只是一個構想，而現在我必須和我的團隊努力，使夢想成真。

沒有人能告訴我們要怎麼做、該挑選哪些學生，或是用什麼方法幫他們開發領導潛能。我們正在為這項計畫撰寫使命宣言。到目前為止，我們手邊沒有經過證實的理念，也沒有原型可以參考。打從第一天開始，我們只能用一個未曾試驗過的模型進入「生產」階段。

因此，我慶幸自己在多年前，曾短暫擔任新創公司美普思的創辦人，也感謝在史丹佛的那段日子。近日，我發覺自己像個創業家，每天必須扮演好幾種角色，包括倡導者、大使、財務顧問和教授。所幸，我再次得到一支能力高強的團隊幫忙。尤其，現在已經進入最後篩選階段，他們每天都要接聽無數的詢問電話。

我從創業學到的一課就是，成功幾乎和失敗一樣危險，特別是需求超過產能的時候。截至二〇一七年十二月，我們的獎學金計畫收到超過三千六百份申請資料，而我們在第一年只提供了五十個名額。申請人來自全球，超過一百多個國家、地區，研究領域分布於本校研究生課程的九五%。因此，錄取率將低於一．五%，比史丹佛任何系所的錄取率都還要低。

大多數的申請人都非常優秀，但我們恐怕會讓很多學子失望，這也引發一堆問題：要錄取是否比登天還難？我們能否盡快擴增一倍的名額？名額多寡對這項計畫的品質有何影響？我們篩選學生的條件是否恰當？我們真的能看出偉大領導人的潛在特質嗎？我們的課程安排是否能幫我們達成目標？萬一我們強調的重點錯了呢？

我會動筆寫下這本書，部分原因是為了探索我學習到的領導特質與做法。我向卓越的領導人學習，也反省自己的經驗，其中有些還相當慘痛，希望藉此找出領導的關鍵。我發現，有些特質與做法違反直覺，有些則偏離正統的領導觀，與傳統學校教的或手冊上寫的不同。擺在我們面前的問題是：如果領導是可以教的，要怎麼教？我毫不懷疑，我們錄取的人是全世界最聰明的，但是，我們為他們設計的經驗，是否能幫他們培養技能、增強同理心，面對未來的挑戰與機會？

這些問題仍有待解答。當然，我們可能會犯錯。幸好，過去三十年的人生，早已教我不要害怕犯錯，而要從錯誤中學習、調整一番之後，再繼續向前。容我稍微簡述金恩博士（Dr. Martin Luther King Jr.）的金言：「儘管你看不到整座樓梯，還是可以跨出第一步。」我們也將憑藉過去累積的智慧，以及對未來的好奇心，不斷向前行。

要不是多位朋友慷慨相助，給我明智的建言，我也不會踏上這條冒險之路。我已在書中提到幾位，其中一位就是內人安德莉雅。近五十年，她一直在我身邊，從我們年少時一起在長島金庫倫超市打工，直到今天。沒有她的耐心、同理心、社交手腕與支持，我就不可能達成這麼多事，更別提今日的種種。我已工作四十幾年，她也許希望我退休後能待在家裡，幫忙整理花園、自告奮勇維修水電等，儘管我可能修不好。但我接下了一個新任務，可能還得忙好幾年。她讓我做這個決定，足證她的無私及她對我的愛，願意支持我走的每一步。她還好心提醒我，如果我像二十年前那樣蠟燭兩頭燒，反而無法做好。

我對菲爾．奈特有無盡的感激，謝謝他相信這項計畫，也相信我。我也謝謝其他促成這項獎學金計畫的人，包括丹寧、鮑伯．金恩（Bob King）、楊致遠、麥可．佛爾普（Mike Volpe）、蘇珊．麥科（Susan McCaw）、約翰．古恩（John Gunn）與施禮蘭等人。

二〇一八年一月某個週末，我們邀請進入決選階段的一百零三人來史丹佛，為他們介紹校園，也讓我們有機會，在做最後決定之前跟他們見面。能見到這群年輕人，與他們一起探索如何使這個世界變得更好，實在是一大樂事。

接下來，我們就得決定錄取哪些人。二〇一八年二月中，我親自打電話給每一位入選者。這五十一位優秀的年輕學者，來自二十一個國家、三十八個大學科系，將在本校的七個學院攻讀研究所。

培育下一代的世界領導人，使他們得到智慧的啟蒙、有同理心、謙卑而且擁有卓越的能力，這就是激勵我和團隊的動力。我希望我們能使這個世界變得更好。如果人生在世，最後只能留下一項名聲，我希望世人記得的是奈特－漢尼斯學者獎學金計畫。

後　記

以書為師：漢尼斯的圖書館

書是最安靜的朋友，而且永遠陪伴在我們身邊；
書是最可親又有智慧的顧問，也是最有耐心的老師。

——查爾斯·艾略特（Charles W. Eliot）
前哈佛大學校長，美國大學歷史上在位時間最長的校長這裡列出的書籍，源於我多年來的閱讀與學習。非小說類書籍按主題歸類，我將從中各選出一本最重要的書，說明它給我的啟發。通常，我最喜歡的書是傳記和歷史類的，而非以領導為題的，但是少數領導專書與本書各章重點有關，所以我也將它們納入。最後，我提供了一份簡短的小說作家名單，因為他們的作品讓我知道，自己該選擇過什麼樣的人生。

華盛頓及其時代

- David Hackett Fischer, *Washington's Crossing* (New York: Oxford University Press, 2004)

  本書敘述美國革命關鍵時期的歷史，特別是華盛頓在紐約遭逢一連串挫敗後，反守為攻的經過。書名中的「crossing」意指華盛頓人生的交叉點，也代表他冒險渡過（crossing）德拉瓦河。大衛．麥卡洛（David McCullough）寫的《1776》，也探討同一時期的歷史。本主題書籍都強調華盛頓的謙卑，以及他對平等和精英政治的看法。

- Ron Chernow, *Washington: A Life* (New York: Penguin Press, 2010)
- David McCullough, *1776* (New York: Simon & Schuster, 2005)

《1776：美國的誕生》，時報文化出版。

林肯及其時代

- Doris Kearns Goodwin, *Team of Rivals: The Political Genius of Abraham Lincoln* (New York: Simon & Schuster, 2006)

《無敵：林肯不以任何人為敵人，創造了連政敵都同心效力的團隊》，大塊文化出版。

在此，我不得不從眾多好書中，挑出影響我最深的一本。我選擇《無敵》，是因為此書對建立團隊、協作、謙卑、心存道德標準和勇氣等，都有精采的論述。

- David Herbert Donald, *Lincoln* (New York: Simon & Schuster, 1996)
- James McPherson, *Tried by War: Abraham Lincoln as Commander in Chief* (New York: Penguin Press, 2008)
- William Lee Miller, *Lincoln's Virtues: An Ethical Biography* (New York: Vintage, 2003)
- Ronald C. White Jr., *Lincoln's Greatest Speech: The Second Inaugural* (New York: Simon & Schuster, 2002)

小羅斯福及其時代

- David Kennedy, *Freedom from Fear: The American People in Depression and War, 1929–1945* (New York: Oxford University Press, 1999)

  這是一本歷史書，不是傳記，但小羅斯福自一九三二年贏得大選，一直到逝世為止，都是歷史現場的主角。不管是大蕭條時期的「爐邊談話」救經濟、對抗失業、與邱吉爾的關係、和英國結盟，還有為了贏得戰爭全力以赴，都證明他是位堅定的領導人。

- H. W. Brands, *Traitor to His Class: The Privileged Life and Radical Presidency of Franklin Delano Roosevelt* (New York: Anchor Books, 2008)
- Doris Kearns Goodwin, *No Ordinary Time: Franklin and Eleanor Roosevelt—The Home Front in World War II* (New York: Simon & Schuster, 1994)
- Jon Meacham, *Franklin and Winston: An Intimate Portrait of an Epic Friendship* (New York: Random House, 2003)

其他總統及其時代

- Edmund Morris, *The Rise of Theodore Roosevelt* (New York: Modern Library, 2001), *Theodore Rex* (New York: Modern Library, 2002), *Colonel Roosevelt* (New York: Random House, 2010)

  老羅斯福是個非常精采的人，他是擅長運動的知識份子、飽讀群書，也是史學家、探險家、改革家、牧場主人和了不起的總統。他克服疾病、改革公務員制度、制定信託條例、創建國家公園體系、協力結束日俄戰爭，甚至在六十幾歲，還勇闖未知的亞馬遜河源頭。這一生真是可觀。
- H. W. Brands, *Andrew Jackson: His Life and Times* (New York: Doubleday, 2005)
- Robert Caro, *Master of the Senate: The Years of Lyndon Johnson* (New York: Alfred A. Knopf, 2002)
- Timothy Egan, *The Big Burn: Teddy Roosevelt and the Fire That Saved America* (New York: Mariner Books 2010)
- Joseph Ellis, *American Sphinx: The Character of Thomas Jefferson* (New York: Alfred A. Knopf, 1997)
- Ulysses S. Grant, *The Personal Memoirs of U. S. Grant*, 3 volumes (Cambridge, Mass.: The Belknap Press of Harvard University Press, 2017)

- David McCullough, *John Adams* (New York: Simon & Schuster, 2001)
- David McCullough, *Truman* (New York: Simon & Schuster, 1992)

  《杜魯門》，麥田出版社出版。
- Jack McLaughlin, *Jefferson and Monticello: The Biography of a Builder* (New York: Henry Holt, 1988)

美國開國元老、早期領導人及其時代

- H. W. Brands, *The First American: The Life and Times of Benjamin Franklin* (New York: Doubleday, 2000)

  富蘭克林實在是令人讚嘆的奇才，他是科學家、作家，也是政治家。雖然出身卑微，卻是「文藝復興人」。他創立的共讀社（Junto），是知識社會的典範，他發明的火爐和玻璃口琴，令人嘆為觀止；他也是多產且富有洞察力的作家。身為外交官時，他致力為美國贏得法國的援助，加速獨立戰爭勝利。約克鎮戰役得以獲勝，法國海軍的援助就是一大關鍵。「老班」實在有太多讓我們景仰、學習的地方。
- Ron Chernow, *Alexander Hamilton* (New York: Penguin Press, 2004)
- David Hackett Fischer, *Champlain's Dream* (New York: Simon & Schuster, 2008)

- David Hackett Fischer, *Paul Revere's Ride* (New York: Oxford University Press, 1994)
- Walter Isaacson, *Benjamin Franklin: An American Life* (New York: Simon & Schuster, 2003)
  《班傑明．富蘭克林：美國心靈的原型》，臉譜出版。
- Jack Rakove, *Original Meanings: Politics and Ideas in the Making of the Constitution* (New York: Alfred A. Knopf, 1996)
- Cokie Roberts, *Ladies of Liberty: The Women Who Shaped Our Nation* (New York: HarperCollins, 2016)

其他美國領導人

- David Garrow, *Bearing the Cross: Martin Luther King, Jr., and the Southern Christian Leadership Conference* (New York: HarperCollins, 1986)
  值得一讀的書實在很多，教我難以取捨。我選擇這本金恩博士的傳記，是因為這本書探討他的領導之路：一開始非自願當上領導人，因此遭遇很多挫折；後來，儘管知道領導是條險路，他仍挺身而出，為領導和信仰獻身。
- Sara Josephine Baker, *Fighting for Life* (New York: New York Review, 2013 [1939])

- Kai Bird and Martin J. Sherwin, *American Prometheus: The Triumph and Tragedy of J. Robert Oppenheimer* (New York: Alfred J. Knopf, 2005)
- Elisabeth Bumiller, *Condoleezza Rice: An American Life: A Biography* (New York: Random House, 2007, 2009)
- Robert Caro, *The Power Broker: Robert Moses and the Fall of New York* (New York: Alfred A. Knopf, 1974)
- Ron Chernow, *Titan: The Story of John D. Rockefeller, Jr.* (New York: Random House, 1998)
《洛克斐勒：美國第一個億萬富豪》，商周出版社出版。
- Katharine Graham, *Personal History* (New York: Alfred A. Knopf, 1997)
《個人歷史：全美最有影響力的女報人葛蘭姆》，天下文化出版。
- Laura Hillenbrand, *Unbroken: A World War II Story of Survival, Resilience, and Redemption* (New York: Random House, 2010)《永不屈服》，時報文化出版。
- Walter Isaacson, *Kissinger: A Biography* (New York: Simon & Schuster, 1992, 2005)
- Phil Knight, *Shoe Dog: A Memoir by the Creator of Nike* (New York: Scribner, 2016)
《跑出全世界的人：NIKE 創辦人菲爾・奈特夢想路上的勇氣與初心》，商業周刊出版。

- William Manchester, *American Caesar: Douglas MacArthur 1880–1964* (New York: Little, Brown, 1978)
- Lynne Olson, *Citizens of London: The Americans Who Stood with Britain in Its Darkest, Finest Hour* (New York: Random House, 2010)
- Condoleezza Rice, *Extraordinary, Ordinary People: A Memoir of Family* (New York: Three Rivers Press, 2011)
- William Tecumseh Sherman, *Memoirs of General W. T. Sherman* (New York: Penguin, 2000 [1875])
- T. J. Stiles, *The First Tycoon: The Epic Life of Cornelius Vanderbilt* (New York: Alfred A. Knopf, 2009)
- Booker T. Washington, *Up from Slavery: An Autobiography* (various editions; first published New York: Doubleday, 1901)

美國歷史：十九世紀

- Daniel Walker Howe, *What Hath God Wrought: The Transformation of America, 1815–1848* (Oxford, UK; New York: Oxford University Press, 2007)

牛津大學出版社的美國歷史系列，是我最愛的書系。因此，這份書單列出的書，很多都出自這個系列。豪爾這本書，涵蓋傑克森總統（Andrew Jackson）的崛起，一直到美墨戰爭。這是美國快速成長、趨向多元化的故事，也深入剖析宗教對社會發展的影響，以及奴隸制度、女權和墨西哥戰爭。

- Stephen Ambrose, *Nothing Like It in the World: The Men Who Built the Transcontinental Railroad, 1863–1869* (New York: Simon & Schuster, 2000)
- Alexis de Tocqueville, *Democracy in America*, Volumes I and II (various editions; originally published 1835 and 1840)《民主在美國》，左岸文化出版。
- James M. McPherson, *Battle Cry of Freedom: The Civil War Era* (Oxford, UK; New York: Oxford University Press, 1988)
- Louis Menand, *The Metaphysical Club: A Story of Ideas in America* (New York: Farrar, Straus and Giroux, 2001)
- Mark Twain, *Life on the Mississippi* (various editions; first published 1883)《密西西比河上的生活》，志文出版。
- Richard White, *Railroaded: The Transcontinentals and the Making of Modern America* (New York: W.W. Norton, 2011)

- Gordon S. Wood, *Empire of Liberty: A History of the Early Republic, 1789– 1815* (Oxford, UK; New York: Oxford University Press, 2009)
- Richard Zacks, *The Pirate Coast: Thomas Jefferson, The First Marines, and the Secret Mission of 1805* (New York: Hyperion, 2005)

美國歷史：二十世紀

- David Halberstam, *The Coldest Winter: America and the Korean War* (New York: Hyperion, 2007)
  《最寒冷的冬天：韓戰真相解密》，八旗文化出版。
  哈伯斯坦以越戰史聞名，如《一時之選》（暫譯，*The Best and the Brightest*）。《最寒冷的冬天》則是描述，美國如何自我欺騙已贏得戰爭。故事始於二戰的餘波：韓戰，美國犯了多個重大錯誤，包括準備不足，無法因應韓國冬天的酷寒；麥克阿瑟對中國干預誤判，導致巨大的損失和最後的僵局；麥克阿瑟公然和杜魯門總統唱反調，最後遭到解職。這或許是美國首次在對外軍事行動嘗到挫敗，之後還有一連串類似行動，都是出自政治考量，或是想要先發制人。
- Rick Atkinson, *An Army at Dawn: The War in North Africa, 1942–1943* (New York: Henry Holt,

- 2002); *The Day of Battle: The War in Sicily and Italy, 1943–1944* (New York: Henry Holt, 2007); *The Guns at Last Light: The War in Western Europe, 1944–1945* (New York: Picador, 2013)
- Jonathan R. Cole, *The Great American University: Its Rise to Preeminence, Its Indispensable National Role, Why It Must Be Protected* (New York: PublicAffairs, 2009, 2012)
- David M. Kennedy, *The American People in World War II: Freedom from Fear, Part II* (Oxford, UK; New York: Oxford University Press, 1999)
- Richard Rhodes, *The Making of the Atomic Bomb* (New York: Touchstone, 1988)
- Ted Sorensen, *Counselor: A Life on the Edge of History* (Norwalk, CT: Easton Press, 2008)

其他偉大的領導者：古代

- Donald Kagan, *Pericles of Athens and the Birth of Democracy* (New York: Free Press, 1991)
  我讀完卡根寫的《伯羅奔尼撒戰爭》（暫譯，*The Peloponnesian War*）之後，就開始讀這本書。伯利克里（Pericles）是雅典黃金時期的重要領導人，掌權長達三十年，帶領雅典民主擴張，影響力和經濟實力漸趨強大，藝術蓬勃發展，帕德嫩神廟等建築也就此動工。
- Anthony Everitt, *Augustus: The Life of Rome's First Emperor* (New York: Random House, 2006)

- Harold Lamb, *Alexander of Macedon* (various editions; first published New York: Doubleday, 1946)
- Harold Lamb, *Hannibal: One Man Against Rome* (various editions; first published 1958)
- Richard Winston, *Charlemagne* (various editions; first published London: Eyre & Spottiswoode, 1956)

其他偉大的領導者：現代

- Robert K. Massie, *Peter the Great: His Life and World* (New York: Alfred A. Knopf, 1980)
  彼得大帝使俄羅斯脫胎換骨，從落後國家成為具有領先地位的歐洲國家。這個蛻變，始自他周遊列國，向歐洲其他國家取經。他力排眾議，堅決帶領俄羅斯走入現代。儘管他貴為沙皇卻謙卑自持，願意尋求幫助。
- Mohandas K. Gandhi, *An Autobiography: The Story of My Experiments with Truth* (Boston: Beacon Press, 1993 [1957])《我對真理的實驗：甘地自傳》，遠流出版。
- Roy Jenkins, *Churchill: A Biography* (New York: Macmillan, 2001)
- Nelson Mandela, *Long Walk to Freedom: The Autobiography of Nelson Mandela* (New York: Little, Brown, 1994, 1995)《漫漫自由路：曼德拉自傳》，天堃出版。

- Robert K. Massie, *Catherine the Great: Portrait of a Woman* (New York: Random House, 2011)
- Andrew Roberts, *Napoleon: A Life* (New York: Penguin, 2014, 2015)

領導人及偉大的冒險

- Alfred Lansing, *Endurance: Shackleton's Incredible Voyage* (various editions; first published 1959)《冰海歷劫700天：「堅忍號」南極求生紀實》，天下文化出版。
  恩尼斯．謝克頓（Ernest Shackleton）的旅程，是史上最偉大的領導冒險故事。他乘坐的堅忍號被浮冰圍住，因此摧毀。於是，他帶領團隊乘坐救生艇，橫渡兩片汪洋公海，到一千多英哩外尋求救援。由於謝爾頓卓越的領導力和帶領團隊的技巧，才能完成這趟驚險的旅程，使所有的同伴獲救。
- Daniel James Brown, *The Boys in the Boat: Nine Americans and Their Epic Quest for Gold at the 1936 Berlin Olympics* (New York: Penguin, 2014)《船上的男孩》，凱特文化創意出版。
- Maurice Herzog, *Annapurna: The First Conquest of an 8,000-Meter Peak* (New York: Lyons Press, 1997 [1952])《勇登奇峰第一人》，聯經出版。
- T. E. Lawrence, *Seven Pillars of Wisdom* (various editions; first published 1935)

《智慧七柱》，馬可孛羅文化出版。

- Nathaniel Philbrick, *In the Heart of the Sea: The Tragedy of the Whaleship Essex* (New York: Viking Penguin, 2000)《白鯨傳奇：怒海之心》，馬可孛羅文化出版。

創新者：從文藝復興時代到十八世紀

- Walter Isaacson, *Leonardo da Vinci* (New York: Simon & Schuster, 2017)
艾薩克森在本書描述「文藝復興人」達文西的一生。達文西是發明家、藝術家和科學家，他的成就主要源於強烈的好奇心。儘管達文西有很多作品未完成（這是他的習慣），仍在世界留下不可磨滅的印記。
- Ross King, *Brunelleschi's Dome: How a Renaissance Genius Reinvented Architecture* (New York: Bloomsbury, 2000)《圓頂的故事》，貓頭鷹出版社出版。
- James Reston, *Jr., Galileo: A Life* (New York: HarperCollins, 1994)
- Dava Sobel, *Longitude: The True Story of a Lone Genius Who Solved the Greatest Scientific Problem of His Time* (New York: Walker, 1995)《尋找地球刻度的人》，時報文化出版。

創新者：十九世紀

- Janet Browne, *Charles Darwin: Voyaging* (Princeton, NJ: Princeton University Press, 1996)
  達爾文是個非常有意思的人物，在小獵犬號的航行中，他多數時間都因為暈船痛苦不已，但還是因此確立志向，決定畢生投入科學研究。他的好奇心、細心的觀察和記錄，使他得以發現記載生命演化的基礎規則。
- David McCullough, *The Great Bridge: The Epic Story of the Building of the Brooklyn Bridge* (New York: Simon & Schuster, 2012)
- David McCullough, *The Path Between the Seas: The Creation of the Panama Canal, 1870–1914* (New York: Simon & Schuster, 1977)
- Witold Rybczynski, *A Clearing in the Distance: Frederick Law Olmsted and America in the 19th Century* (New York: Touchstone, 2000)
- Marc J. Seifer, *Wizard: The Life and Times of Nicola Tesla: Biography of a Genius* (New York: Citadel, 1998)
- Randall Stross, *The Wizard of Menlo Park: How Thomas Alva Edison Invented the Modern World* (New

York: Three Rivers Press, 2007)

創新者：二十世紀

- David McCullough, *The Wright Brothers* (New York: Simon & Schuster, 2015)
  《飛翔之夢：萊特兄弟新傳》，時報文化出版。
  我很喜愛麥卡勒寫的創新者和創新相關故事，這本書是不可多得的佳作。萊特兄弟將熱情、好奇心、毅力和願景融為一體，他們成功的關鍵在於，把焦點放在了解飛行機制和控制問題。
- Leslie Berlin, *Troublemakers: Silicon Valley's Coming of Age* (New York: Simon & Schuster, 2017)
- Andrew Hodges, *Alan Turing: The Enigma of Intelligence* (New York: HarperCollins, 1985)
  《艾倫・圖靈傳》，時報文化出版。
- Walter Isaacson, *The Innovators: How a Group of Hackers, Geniuses, and Geeks Created the Digital Revolution* (New York: Simon & Schuster, 2014)
  《創新者們：掀起數位革命的天才、怪傑和駭客》，天下文化出版。
- Walter Isaacson, *Steve Jobs* (New York: Simon & Schuster, 2011)

《賈伯斯傳》，天下文化出版。

- Michael S. Malone, *Bill & Dave: How Hewlett and Packard Built the World's Greatest Company* (New York: Portfolio, 2007)
- Michael S. Malone, *The Intel Trinity: How Robert Noyce, Gordon Moore, and Andy Grove Built the World's Most Important Company* (New York: HarperCollins, 2014)

科學、數學與科技：歷史與發展（包括社會科學）

- Siddhartha Mukherjee, *The Emperor of All Maladies: A Biography of Cancer* (New York: Scribner, 2010)

  《萬病之王：一部癌症的傳記，以及我們與它搏鬥的故事》，時報文化出版。

  這本關於癌症的治療史引人入勝，也讓人得以洞視疾病的本質，以及醫學進展的不易。
- Bill Bryson, *A Short History of Nearly Everything* (New York: Broadway, 2003)

  《萬物簡史：沒有盡頭的宇宙》，天下文化出版。
- Stephen Hawking, *A Brief History of Time* (New York: Bantam, 1988)

  《新時間簡史》，大塊文化出版。

- Douglas Hofstadter, *Gödel, Escher, Bach: An Eternal Golden Braid* (New York: Vintage, 1979)
- Daniel Kahneman, *Thinking, Fast and Slow* (New York: Farrar, Straus and Giroux, 2011)
  《快思慢想》，天下文化出版。
- Manjit Kumar, *Quantum: Einstein, Bohr, and the Great Debate About the Nature of Reality* (New York: W.W. Norton, 2008)
- Leonard Mlodinow, *Euclid's Window: The Story of Geometry from Parallel Lines to Hyperspace* (New York: Touchstone, 2001)
  《歐幾里得之窗—從平行線到超空間的幾何學故事》，究竟出版。
- Siddhartha Mukherjee, *The Gene: An Intimate History* (New York: Scribner, 2016)
  《基因：人類最親密的歷史》，時報文化出版。
- Robert Sapolsky, *Monkeyluv: And Other Lessons on Our Lives as Animals* (New York: Vintage, 2006)
- Robert Sapolsky, *Why Zebras Don't Get Ulcers: A Guide to Stress, Stress-Related Diseases, and Coping* (various editions; first published New York: W.H. Freeman, 1994)
  《為什麼斑馬不會得胃潰瘍？：壓力、壓力相關疾病及因應之最新守則》，遠流出版。
- Nate Silver, *The Signal and the Noise: Why So Many Predictions Fail—but Some Don't* (New York:

Penguin, 2012, 2015)

《精準預測：如何從巨量雜訊中，看出重要的訊息？》，三采文化出版。

- Leonard Susskind, *The Black Hole War: My Battle with Stephen Hawking to Make the World Safe for Quantum Mechanics* (New York: Little, Brown, 2008)
- Lewis Thomas, *A Long Line of Cells: Collected Essays* (n.p.: Book of the Month Club, 1990)
- Neil deGrasse Tyson, *Astrophysics for People in a Hurry* (New York: W.W. Norton, 2017)

  《宇宙必修課：給大忙人的天文物理學入門攻略》，天下文化出版。

值得的人生（也請參考最後介紹的小說列表）

- David Brooks, *The Road to Character* (New York: Random House, 2015)

  《品格：履歷表與追悼文的抉擇》，天下文化出版。

  這部分的好書極多，恐怕會有很多遺珠之憾。我特別挑選這本書，是因為它講述領導人的發展，從美國前勞工部長法蘭西斯・珀金斯（Frances Perkins）到艾森豪將軍，乃至社會運動家多蘿西・黛伊（Dorothy Day）。從布魯克斯的人物剖析，可以讓人得見領導力的許多重要層面。

- Saint Aurelius Augustinus, *Confessions of Saint Augustine* (various editions; see, for example, London; New York: Penguin, 1961)《懺悔錄》，光啟文化出版。
- Marcus Aurelius, *Meditations* (various editions; often based on George Long translation, first published London: Bell, 1962)
《沉思錄：羅馬哲學家皇帝省思經典》，笛藤出版。
- Anthony Doerr, *Four Seasons in Rome: On Twins, Insomnia, and the Biggest Funeral in the History of the World* (New York: Scribner, 2007)《羅馬四季》，時報文化出版。
- Anne Frank, *The Diary of a Young Girl* (various editions; first copyrighted 1952)
《安妮日記》，皇冠出版。
- Atul Gawande, *Being Mortal: Medicine and What Matters in the End* (New York: Metropolitan, 2014)
《凝視死亡：一位外科醫師對衰老與死亡的思索》，天下文化出版。
- Paul Kalanithi, *When Breath Becomes Air* (New York: Random House, 2016)
《當呼吸化為空氣：一位天才神經科醫師最後的生命洞察》，時報文化出版。
- Randy Pausch, with Jeffrey Zaslow, *The Last Lecture* (New York: Hyperion, 2008)
《最後的演講》，方智出版。

- Abraham Verghese, *My Own Country: A Doctor's Story* (New York: Simon & Shuster, 1994)
- Abraham Verghese, *The Tennis Partner* (New York: HarperCollins, 1998)
- Elie Wiesel, *Night* (various editions; see, for example, New York: Hill and Wang, 1972, 1985, 2006)
《夜：納粹集中營回憶錄》，左岸文化出版。

世界史：古代

- John R. Hale, *Lords of the Sea: The Epic Story of the Athenian Navy and the Birth of Democracy* (New York: Viking, 2009)
《海上霸主：雅典海軍的壯麗史詩與民主誕生》，廣場出版。
黑爾不但是偉大的作家，也是很棒的演說家。我從他寫的雅典史學到很多。雅典可能是史上第一個倚重貿易的文明（下一個則是羅馬），但雅典也是個民主政體，由人民建立艦隊，保衛國家。
- Edward Gibbon, *The History of the Decline and Fall of the Roman Empire* (various editions; first published 1776–1789)《羅馬帝國衰亡史》，聯經出版。
- Herodotus, *The Persian Wars* (various editions)

《希羅多德歷史：希臘波斯戰爭史》，台灣商務出版。

- Donald Kagan, *The Peloponnesian War* (New York: Viking, 2003)
- Barbara Mertz, *Temples, Tombs & Hieroglyphs: A Popular History of Ancient Egypt* (New York: Dodd, Mead, 1964)
- Ian Shaw (editor), *The Oxford History of Ancient Egypt* (Oxford, UK; New York: Oxford University Press, 2000)
- Thucydides, *The History of the Peloponnesian War* (various editions)
  《伯羅奔尼撒戰爭史》，台灣商務出版。

世界史：從中世紀到現代

- Barbara W. Tuchman, *A Distant Mirror: The Calamitous 14th Century* (New York: Ballantine, 1978)
  《遠方之鏡：動盪不安的十四世紀》，廣場出版。
  塔克曼描述的十四世紀歷史，包括這個時期的悲劇戰爭、艱苦生活和專橫的封建社會，重塑當時的虛假騎士精神景況，呈現出階級區分沒半點好處。
- Roger Crowley, *City of Fortune: How Venice Ruled the Seas* (New York: Random House, 2012)

《財富之城：威尼斯共和國的海洋霸權》，馬可孛羅文化出版。

- Roger Crowley, *Empires of the Sea: The Siege of Malta, the Battle of Lepanto, and the Contest for the Center of the World* (New York: Random House, 2008)
《海洋帝國：決定伊斯蘭教與基督教勢力邊界的爭霸時代》，馬可孛羅文化出版。
- Roger Crowley, *1453: The Holy War for Constantinople and the Clash of Islam and the West* (New York: Hyperion, 2006)
《1453：君士坦丁堡的陷落》，馬可孛羅文化出版。
- Dominic Greene, *Three Empires on the Nile: The Victorian Jihad, 1869–1899* (New York: Free Press, 2007)
- Timothy E. Gregory, *A History of Byzantium* (Malden, MA: Blackwell, 2005)

世界史：二十世紀

- Margaret MacMillan, *Paris 1919: Six Months That Changed the World* (New York: Random House, 2002)
巴黎和會的故事，更勝人性的貪婪。歐洲盟國的復仇心，加上威爾遜的無能，戰勝國強迫德國負擔天價賠償金，進而埋下讓希特勒崛起的禍根。這本書與塔克曼論第一次大戰起源的著作，讓我們了解這場戰爭是如何發生的，進而導致極其不幸的結局。

- Liaquat Ahamed, *Lords of Finance: The Bankers Who Broke the World* (New York: Penguin, 2009)
- Robert K. Massie, *Nicholas and Alexandra: The Classic Account of the Fall of the Romanov Dynasty* (New York: Atheneum, 1967)
- Barbara W. Tuchman, *The Guns of August* (New York: Macmillan, 1962)

《八月炮火》，聯經出版。

文明史及其發展：古代與現代

- Jared Diamond, *Guns, Germs, and Steel: The Fates of Human Societies* (New York: W.W. Norton, 1999)

《槍炮、病菌與鋼鐵：人類社會的命運》，時報文化出版。

戴蒙在本書提出一個有趣的假設，亦即人類社會有這麼大的差異，是源於地理等其他自然因素，而非不同文化造成的。作者列舉的例子有些讓人信服，有些則否。可參看弗格森的著作《文明》，探討文化與法律制度對人類社會的影響。

- Karen Armstrong, *A History of God: The 4,000-Year Quest of Judaism, Christianity and Islam* (New York: Ballantine, 1993)
  《神的歷史：猶太教‧基督教‧伊斯蘭教的歷史》，立緒出版。
- Niall Ferguson, *The Ascent of Money: A Financial History of the World* (New York: Penguin, 2008)
  《貨幣崛起：金融資本如何改變世界歷史及其未來之路》，麥田出版。
- Niall Ferguson, *Civilization: The West and the Rest* (New York: Penguin, 2012)
  《文明：決定人類走向的六大殺手級 Apps》，聯經出版。
- Thomas L. Friedman, *The World Is Flat: A Brief History of the Twenty- First Century* (New York: Farrar, Straus and Giroux, 2005, 2006)
  《世界是平的》，雅言文化出版。
- Hilda Hookham, *A Short History of China* (New York: New American Library, 1972)
- Steven Pinker, *The Better Angels of Our Nature: Why Violence Has Declined* (New York: Viking, 2011)
  《人性中的良善天使：暴力如何從我們的世界中逐漸消失》，遠流出版。
- Barbara W. Tuchman, *The March of Folly: From Troy to Vietnam* (New York: Alfred A. Knopf, 1984)
  《愚政進行曲》，廣場出版。

- Fareed Zakaria, *The Post-American World* (New York: W.W. Norton, 2008)
《後美國世界：群雄崛起的經濟新秩序時代》，麥田出版。

企業、政治與學術界的領導

- John W. Gardner, *Living, Leading, and the American Dream* (San Francisco: Jossey-Bass, 2003)
賈德納在政府部門、非營利經構和學術界，都是成功的領導人。他曾說：「許多偉大的機會，都曾出現在我們面前，只是我們誤以為那是無法解決的問題。」這句話時時激勵著我。他雖然是共和黨員，卻在詹森總統任內出任健康教育與福利部長，同時是創建美國聯邦醫療保險的重要推手。因為堅守原則，不支持越戰，而辭去部長的職位。他是共同事業組織（Common Cause）及公共廣播公司的創辦人。我永遠忘不了，在他過世前，我們還曾一起吃了一頓簡便的午餐。賈德納的書充滿有關領導的真知灼見，都來自他豐富、廣泛的經驗。
- Warren Bennis, *On Becoming a Leader* (Rev. ed., New York: Basic Books, 2003)
- William G. Bowen, ed. Kevin M. Guthrie, *Ever the Leader: Selected Writings 1995–2016* (Princeton, NJ: Princeton University Press, 2018)

《領導，不需要頭銜：如何讓奇葩怪傑為你效力？》，大是文化出版。

- Kevin Cashman, *Leadership from the Inside Out: Becoming a Leader for Life* (3rd ed., Oakland: Berrett-Koehler, 2017)
  《懂得領導讓你讓你更有競爭力：亂局中的 7 堂修練課》，麥格羅希爾出版。
- Gerhard Casper, *The Winds of Freedom: Addressing Challenges to the University* (New Haven, CT: Yale University Press, 2014)
- Stephen Covey, *The 7 Habits of Highly Effective People: Powerful Lessons in Personal Change* (New York: Simon & Schuster, 1989, 2004)
  《與成功有約：高效能人士的七個習慣》，天下文化出版。
- Robert M. Gates, *A Passion for Leadership: Lessons on Change and Reform from Fifty Years of Public Service* (New York: Vintage, 2016)
- Bill George and Peter Sims, *True North: Discover Your Authentic Leadership* (2nd ed., San Francisco: Jossey-Bass, 2015)
  《領導的真誠修練：傑出領導者的 13 個生命練習題》，天下文化出版。
- Robert K. Greenleaf, *Servant Leadership: A Journey into the Nature of Legitimate Power & Greatness* (New

York: Paulist Press, 2002)
《僕人領導學：領導者與跟隨者互惠雙贏的領導哲學》，啟示出版。

- Vartan Gregorian, *The Road to Home: My Life and Times* (New York: Simon & Schuster, 2003)

惠我良多的小說作家

- 但丁（Dante Alighieri）的《神曲》（*Divine Comedy*），尤其是〈煉獄〉。
- 以撒・艾西莫夫（Isaac Asimov）的機器人與基地宇宙作品，讓我們透過科幻故事，看到生而為人的真實意義。
- 珍・奧斯汀（Jane Austen）的文字、筆下的人物都值得細細品嘗，她對人類情感有深刻的描述，特別是在做決定時情感所起的作用。
- 勃朗特三姊妹（The Brontë sisters）都是天才小說家，留給世人寶貴的文學遺產，包括夏綠蒂（Charlotte）的《簡愛》（*Jane Eyre*）、愛蜜莉（Emily）的《咆哮山莊》（*Wuthering Heights*）及安妮（Anne）的《荒野莊園的房客》（*The Tenant of Wildfell Hall*）。
- 威拉・凱瑟（Willa Cather）的美國西部小說。
- 威爾基・柯林斯（Wilkie Collins）擅長探索人類情感及動機的幽微之處。

- A・J・克朗寧（A.J. Cronin）的小說，對犧牲與忍耐有非常動人的描述。
- 查爾斯・狄更斯（Charles Dickens）文字精采、人物刻劃活生，洞悉英國社會的邪惡。他的《雙城記》（*A Tale of Two Cities*）一直是我最喜歡的小說。他的小說對正義、愛情、忍耐與自我犧牲的剖析非常深刻，是為永恆之作。開頭那一句是小說中最偉大的句子。
- 西奧多・德萊塞（Theodore Dreiser）的小說，描述個人選擇如何導致悲劇。
- 喬治・艾略特（George Eliot），本名瑪麗・安・伊文斯（Mary Ann Evans）擅長描繪複雜的人物及人類情感。
- 伊莉莎白・蓋斯凱爾（Elizabeth Gaskell）講述了工業大革命期間，窮人的悲慘故事及可歌可泣的愛情故事。
- 湯瑪斯・哈代（Thomas Hardy）的小說，呈現從善到惡、形形色色的人類行為，以及邪不勝正的故事。
- 法蘭克・赫伯特（Frank Herbert）的小說描述科技和夢幻世界，在沙丘系列作品中可以看到善惡之爭、領導與犧牲等主題。
- 荷馬（Homer）所寫的《伊利亞德》（*The Iliad*）與《奧狄賽》（*The Odyssey*）是史上最偉大的故事，融合冒險與道德決定。

- 雨果（Victor Hugo）的《悲慘世界》（*Les Misérables*）是關於社會苦難和不公的經典之作。
- 亨利・詹姆斯（Henry James）擅長書寫浪漫和驕傲，心理刻劃入微。
- 艾茵・蘭德（Ayn Rand）描繪了野心、自由企業和個人利益的價值，以及其負面結果。
- 莎士比亞（Shakespeare）的喜劇、歷史劇和悲劇，都深刻呈現人類情感。
- 華勒斯・史達格納（Wallace Stegner）不但是美國西部小說大家，也是史丹佛創意寫作計畫的創辦人。
- 約翰・史坦貝克（John Steinbeck）用同情和幽默講述，有關人性和挑戰的故事。
- J・R・R・托爾金（J.R.R. Tolkien）在奇幻文學經典《魔戒》（*The Lord of The Rings*）三部曲中描述善與惡的故事。
- 安東尼・特羅洛普（Anthony Trollope）的小說，涉及維多利亞時代的社會和性別議題，特別是巴斯特郡編年史。
- 馬克・吐溫（Mark Twain）的作品蘊含幽默與悲傷，可說是最偉大的美國小說家。

謝辭

近五十年來，內人安德莉雅一直是我的人生導師。她教我如何欣賞視覺藝術，記得向人致謝，而且要保持一顆謙卑之心。畢竟，我十幾歲在雜貨店打工的時候，她就認識我了。

此生，我有機會和許多優秀的人才合作，包括我的研究生和史丹佛大學的同事。拜他們追求卓越的熱情與創造力之賜，我因此得以變成一個更好的研究人員，以及更好的老師。我曾和了不起的領導人在視算科技、美普思和創銳訊公司（Atheros）合作，深刻體驗矽谷新創公司步調的飛快。我也曾和一些非凡的學術領導人合作，如史丹佛工學院院長吉本斯、前教務長萊斯、前校長卡斯帕。與思科和Google董事會的成員一起服務，更幫助我了解，大型組織要如何運作才有效率。

在史丹佛校長任內，我和一群傑出的院長及副校長團隊一起合作。我相信我們的教務長艾奇曼迪，是全美國高等教育機構最好的教務長。此外，我在校長任內，也和七十幾位史丹佛董事會成員合作。我很感謝丹寧、休姆、麥默崔與史坦這四位主席給我的激勵，以及不遺餘力的支持。多年來，在董事會待最久的成員賓恩，一直是與我分享智慧的益友。

此外，如果沒有矽谷出版公司（Silicon Valley Press）團隊的成員喬・狄努西（Joe DiNucci）、雪莉兒・杜梅斯尼爾（Cheryl Dumesnil）、阿提亞・德威爾（Atiya Dwyer）、麥克・馬隆（Mike Malone）等人的幫助，本書就難以問世。我也要謝謝出版經紀人吉姆・列文（Jim Levine），以及他在列文－葛林伯格－羅斯丹出版經紀公司（Levine, Greenberg, Rostan）的團隊。還有，史丹佛大學出版社同樣功不可沒。

特別感謝艾薩克森為本書作序，與我們分享他的洞見。我也受益於多位曾閱讀本書初稿，並惠賜意見的親朋好友：賓恩、丹寧、艾奇曼迪、安德莉雅、麥默崔、查爾斯・普羅柏（Charles Prober）、萊斯、史坦和菲爾・陶伯曼（Phil Taubman）。我還要特別感謝，我當教務長與校長時的助理傑夫・華契泰爾（Jeff Wachtel）。很高興他也加入奈特－漢尼斯學者獎學金計畫團隊，給我們許多寶貴的意見。在過去十七年中，我們一起度過許許多多的挑戰，而他從未離去。

注釋

前言　二十一世紀領導本質的轉變

① Robert K. Greenleaf, *Servant Leadership: A Journey into the Nature of Legitimate Power & Greatness*, 25th anniv. ed. (New York: Paulist Press, 2002), Chapter 1, 28-60.

② John W. Gardener, *Living, Leading, and the American Dream* (San Francisco: Jossey-Bass, 2003), Part Two: "The Courage to Live and Learn," 41-112.

第一章　謙卑：高績效領導的基礎

① Warren Bennis, *On Becoming a Leader*, Rev. ed. (New York: Basic Books, 2003), Chapter 3, 91-108.

② David Herbert Donald, *Lincoln* 1st ed. (New York: Simon & Shuster, 1996), Chapter 9 and 19; Doris Kearns Goodwin, *Team of Rivals: The Political Genius of Abraham Lincoln* (New York: Simon & Schuster, 2006), Chapter3.

第二章　真誠與信賴：高績效領導的關鍵

① Bennis, *On Becoming a Leader*, Chapter 2, 74-90; Bill George and Peter Sims, *True North: Discover Your Authentic Leadership*, 2nd ed. (San Francisco: Jossey-Bass, 2015), Chapter 4, 91-114.

② Kevin Cashman, *Leadership from the Inside Out: Becoming a Leader for Life*, 3rd ed., rev. (Oakland: Berrett-

Koehler, 2017), 193-194.

③ Cashman, *Leadership from the Inside Out*, 41-45.

④ Cashman, *Leadership from the Inside Out*, 51-53.

⑤ William Lee Miller, *Lincoln's Virtues: An Ethical Biography* (New York: Vintage, 2003), Chapter 8, 11, 14.

⑥ Condoleeza Rice, *Extraordinary, Ordinary People: A Memoir of Family* (New York: Three Rivers Press, 2011), 14-15.

第三章　領導就是服務：了解誰為誰工作

① Greenleaf, *Servant Leadership*, Chapter 1, 29-61.

② Greenleaf, *Servant Leadership*, Chapter 2, 4, 5, 6.

第四章　同理心：塑造領導者和機構的要素

① Gardener, *Living, Leading, and the American Dream*, Chapter 16, 159-173.

② Sarah Josephine Baker, *Fighting for Life* (New York: New York Review, 2013 [1939]), Chapter 1, 24.

第五章　勇氣：為了機構和社群挺身而出

① Gardener, *Living, Leading, and the American Dream*, Chapter 16, 159-173; George and Sim, *True North*, 122-130; Cashman, *Leadership from the Inside Out*, 103-117.

② Bennis, *On Becoming a Leader*, Chapter 5 and 9.

第六章　協力與團隊合作：你無法單打獨鬥

① Cashman, *Leadership from the Inside Out*, 23-25（及其他散落此書各處的智慧）.

② Bennis, *On Becoming a Leader*, "Introduction to the Revised Edition," 2003.

③ Greenleaf, *Servant Leadership*, Chapter 3, 81-115.

④ Bennis, *On Becoming a Leader*, 130-135.

第八章　求知欲：終身學習的重要性

① Bennis, *On Becoming a Leader*, Chapter 4.

② David Hackett Fischer, *Washington's Crossing*, reprint ed. (New York: Oxford University Press, 2006), 7-50.

第九章　說故事：溝通願景

① Cashman, *Leadership from the Inside Out*, Chapter 2, 70-77.

財經企管 BCB653

這一生，你想留下什麼？
史丹佛的 10 堂領導課
Leading Matters: Lessons from My Journey

作者——約翰・漢尼斯（John L. Hennessy）
譯者——廖月娟

副社長兼總編輯 —— 吳佩穎
責任編輯 —— 王映茹
封面設計 —— 張議文

出版者 —— 遠見天下文化出版股份有限公司
創辦人 —— 高希均、王力行
遠見・天下文化 事業群榮譽董事長 —— 高希均
遠見・天下文化 事業群董事長 —— 王力行
天下文化社長 —— 王力行
天下文化總經理 —— 鄧瑋羚
國際事務開發部兼版權中心總監 —— 潘欣
法律顧問 —— 理律法律事務所陳長文律師
著作權顧問 —— 魏啟翔律師
社址 —— 臺北市 104 松江路 93 巷 1 號
讀者服務專線 —— 02-2662-0012 | 傳真 —— 02-2662-0007；02-2662-0009
電子郵件信箱 —— cwpc@cwgv.com.tw
直接郵撥帳號 —— 1326703-6 號　遠見天下文化出版股份有限公司

電腦排版 —— bear 工作室
製版廠 —— 東豪印刷事業有限公司
印刷廠 —— 祥峰印刷事業有限公司
裝訂廠 —— 聿成裝訂股份有限公司
登記證 —— 局版台業字第 2517 號
總經銷 —— 大和書報圖書股份有限公司 | 電話 —— 02-8990-2588
出版日期 —— 2018 年 11 月 30 日第一版第 1 次印行
2024 年 09 月 13 日第一版第 24 次印行

定價 —— 450 元
ISBN —— 978-986-479-578-9
書號 —— BCB653
天下文化官網 —— bookzone.cwgv.com.tw

國家圖書館出版品預行編目（CIP）資料

這一生，你想留下什麼？史丹佛的 10 堂領導課／約翰・漢尼斯（John L. Hennessy）著；廖月娟譯 .-- 第一版 .-- 臺北市：遠見天下文化，2018.11
320 面；14.8×21 公分 .--（財經企管；BCB653）

譯自：Leading Matters: Lessons from My Journey
ISBN 978-986-479-578-9（平裝）

1. 企業領導 2. 組織管理

494.2　　107018386